U0210133

新中式家具图集

上海大师建筑装饰环境设计研究所
康海飞　编著

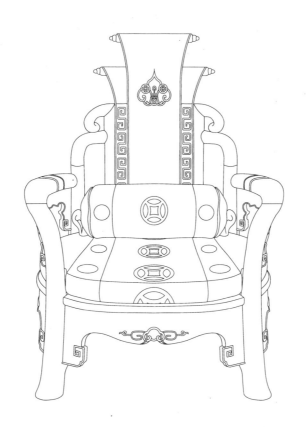

中国建筑工业出版社

图书在版编目（CIP）数据

新中式家具图集/康海飞编著. —北京：中国建筑工
业出版社，2013.12
ISBN 978-7-112-16061-7

Ⅰ. ①新… Ⅱ. ①康… Ⅲ. ①家具-中国-图集
Ⅳ.①TS666.2-64

中国版本图书馆 CIP 数据核字（2013）第 261350 号

　　中国古典家具有着悠久的历史，备受世人的推崇与欣赏，但是随着建筑与生活的现代化人们普遍要求适合现代人多元化家居生活的新中式家具。新中式家具元素并不是简单借用古典家具中的图案，而要彰显古典家具的典雅、雍贵和大气的韵味，能感受到中式家具风格的现代气息。

　　本书内容包括门厅、客厅、中堂、餐厅、卧室、书房、起居室、休闲室各类家具，还介绍了海派中式家具，并附有大量的家具纹样。每件家具均用主视图、左视图、俯视图及透视图表示。为便于读者制作，每页图纸均标有比例尺供参考。并附光盘 1 张。

　　本书对家具生产、科学技术与艺术文化研究提供了宝贵的参考资料，可供国内外建筑设计师、室内设计师、家具设计师、工艺美术师、画家、雕塑家、建筑与艺术院校师生及广大爱好者学习、欣赏、参考。

　　责任编辑：朱象清　吴　绫
　　责任校对：王雪竹　赵　颖

新中式家具图集

上海大师建筑装饰环境设计研究所

康海飞　编著

*

中国建筑工业出版社出版、发行（北京西郊百万庄）

各地新华书店、建筑书店经销

霸州市顺浩图文科技发展有限公司制版

北京中科印刷有限公司印刷

*

开本：880×1230 毫米　1/16　印张：20　字数：620 千字
2014 年 1 月第一版　　2014 年 1 月第一次印刷
定价：**98.00**元（含光盘）
ISBN 978-7-112-16061-7
　　　（24828）

本 书 编 委 会

编委会主任：康海飞

编委会顾问：黄祖权（台湾）

编委会参事：石　珍

编委会专家：（按姓氏笔画顺序）

（教授级）王逢瑚　邓背阶　叶　喜　申黎明　刘文金　关惠元

李克忠　吴贵凉　吴晓淇　吴智慧　宋魁彦　张亚池

张宏健　张彬渊　陈忠华　黄祖槐　薛文广　戴向东

（副教授级）李光耀　周　越

编委会委员由同济大学、西南交通大学、中国美术学院、东北林业大学、南京林业大学、中南林业大学、北京林业大学、西南林业大学、浙江农林大学、中华建筑师事务所（台湾）等单位的教授及专家组成，其中有博士生导师15位、硕士生导师4位。

编著单位：上海大师建筑装饰环境设计研究所

参编单位：浙江农林大学工程学院

参　　编：李　松

设计策划：康熙岳　葛中华

技术指导：康国飞　葛轩昂

参　　审：竺雷杰　汪伟民

海派家具：吴易侃

版面设计：陈　璐　张　颖　岑　怡

绘　　图：孙一凡　孙宇铭　张丽雅　陈俊燕　周　璐

编 者 的 话

自从《明清家具图集》和《欧式家具图集》两套书出版以来，本书编委接到了国内外读者的数千个电话，得到了业界和学界的高度评价，赞扬我们为世界家具业作出了重大贡献，功德无量。大家殷切希望我们再出版新作，在广大读者的热情鼓励下，这次同时出版《美式家具图集》与《新中式家具图集》，希望得到国内外广大读者的继续支持。

本书中的部分图纸是根据流行的家具改编绘制的，代表着中国近年来的产品面貌。从总体上看，家具的用料和工艺相当讲究。少数产品设计相当好，但多数产品设计不如人意，有的用料过于粗大，有的结构过于复杂，有的雕花过于繁缛，有的不符合人体工程学的要求等，如不克服这些问题，难以适合大量生产，难以降低制作成本，难以实现"艺术为大众服务"的宗旨。

目前，新中式家具设计的普遍困境是缺少富有创意的主题，抓住主题就会有强大的生命力。民国时期盛行的海派家具，以欧式家具为模型，在创新上赋予了更独特的想象空间进行改良，家具以红木和柚木为主要材料，沙发用牛皮和织锦缎蒙面，制成了高档的中西式家具，受到国人的普遍喜爱。事实上民国时期海派家具就是上海人创造的新中式家具，这在我们祖传的老图纸中足以证实。当时，以康立成沙发厂和毛全泰木器厂为成功的典范。前者是中国唯一的软体家具厂，后者为全国唯一的国家质量免检家具企业。1959 年首都北京新建十大建筑，以及中南海所用沙发、床垫与家具主要是这两家厂的产品。

当今的美式家具也取得了巨大成就，它正是由多种欧洲古典家具改良后的结果。其实也给我们一个相当大的启发。新中式家具创意设计应保护本土文化特征，但没有冒险就没有创新，我们不妨放开手脚，创造独特的融合风格，把现代中式家具打造成中国的顶级奢侈品牌，创造当代的历史和辉煌。

因新中式家具内容涉及不同风格、不同形式，所以编著与绘图设计的难度相当大。为了便于读者读图，生动显现家具形象，本书少量家具图样并未严格按照三向制图原理绘制，而是灵活地使主视图与左视图的投影成 45°角或 60°角或 120°角，但仍通称为左视图，务请读者注意。由于我们专业水平有限，难免有错误和不足之处，希望国内外广大读者提出宝贵意见，我们将不胜感激。

本书附送的光盘包含了家具的主视图、侧视图、俯视图的三视轮廓图及比例尺。它既可作为创意设计时的参考，现成的图块又可直接借鉴、直接使用，加快了家具设计制图的速度，提高了创意设计的水平，又方便木工放大样，实用性强。读者可查询本书所附光盘中相应的页码文件，用 CAD2006 以上版本打开文件，即可获得相应图块。附书光盘必须与本书配合才能使用。

本书由教授级高级设计师康海飞编著并主持设计，且由他培养的设计人员完成全书编绘工作，得到各地专家热情指导，得到上海市商业学校张大成校长和臧福军老师的支持，在此谨表示衷心感谢！

新中式家具种类繁多，形式多样，本书因篇幅有限，难以全部收进。如读者需要新中式家具套房图纸，可与本书编委会取得联系，咨询电话：021-56310018。

前　言

　　中国的古典家具有悠久的历史和优良的传统，在世界上自成体系，它以突出的艺术风格，长期以来一直备受世人的推崇和珍赏，尤其是红木家具。中国古典家具是于明清及民国时期跻攀至空前的历史顶峰。中国古典家具之中，最经典的设计当属明式，现在明式家具已经被列为世界文化遗产，这种影响力也是世界罕见的。岁月把中国的古典家具磨砺出了惊世的光彩。然而，在当前这个崇尚返璞归真的时代，古典家具行业将要掀起一轮"新古典主义"的浪潮，目的是在继承的基础上继续创造它的经典，赋予其新时代的生命力，不断将这永久的精华延续传承，重新展现。

　　因为当今社会无论是房屋结构、居室空间或生活方式，与明清时期相比都产生了巨大的变化。所以家具不能脱离生活需求而独立存在，这就必须对传统古典家具改良，设计出适合现代人多元化家居生活的新中式家具。要倡导家居新概念，家具尺寸必须与住宅面积匹配，家具的品种必须与功能诉求匹配，即必须依据现代居室环境布置方式和人体工程学进行设计，满足最基本的陈设和实用功能。设计的目的是提升人们的生活品质，让国内外不同年龄层的消费者都喜欢中式家具。

　　新中式家具的外观造型要彰显古典家具优美、典雅、雍贵、大气的韵味，能让人们感受到中式风格的现代气息。新中式设计元素并不是简单借用古典家具中的图案点缀而已，要在继承传统文化基础上进行创新。新中式家具也应该结合布、皮软包和串藤面，既可以增加舒适感，又可以节省贵重木材。新中式家具造型设计、工艺设计、人体工学设计、纹饰设计和材料，都要呈现古典风范与现代技术的完美结合。设计师应不断向市场学习，不断适应消费者需求。创新设计可以提高产品的品质和附加值，欲做强品牌，必须先做强设计。

　　新中式家具创意设计，也需要借鉴传统家具精髓，如精巧的榫卯结构，恰当的比例造型，精美的雕刻图案，古法自然擦蜡与生漆工艺等。但继承不能自缚，为了满足现代人的生活需求，为了适应现代化的生产模式，新中式家具可在用材、结构方面有所改良，将传统工艺和现代工艺匠心融合。

　　明清时期的古典家具并非都用红木制作，甚至不用其他高贵硬木，即便如此，它也是一件拥有中国特色的优秀实木家具。在红木资源日趋匮乏的今天，要打破唯"材"论，让消费者不局限于选购材质，而是把实用性、舒适性和审美感放在首位。新中式家具只要选用自然纹理和色泽美丽的优质木材，只要确保做出品质精良的产品，且产量巨大，成本低廉，有高附加值。这样的方式足以承载整个中国古典家具行业传承发展的重任。

　　21世纪的中式古典家具正处在一个前所未有的时代变革中，"新古典主义"的走向将决定新中式家具未来进程的发展前途。对传统家具创新设计，将是革命性的挑战，这正是我们的使命所在，也是我们福星所在。我们的作品既是做给民族的也是做给世界的，是涉及全人类生活的大事。当新中式家具畅销国内外之日，即中国家具原创设计成就之时。我们满怀信心地期待着中国古典家具在新世纪的蜕变和超越，满怀激情地迎接新中式家具新纪元的到来。

谨以此书

献给

中国软体家具之祖

康立成先生 96 寿辰

目　　录

一、门厅家具

007　门厅桌

013　端景柜

014　端景椅

017　鞋柜

二、客厅家具

022　沙发、茶几

069　电视柜

三、中堂家具

077　四件套

095　三件套

104　花几、陈设几

四、餐厅家具

110　圆餐桌椅

128　长餐桌椅

136　餐具柜

144　厅间陈设柜

五、卧房家具

145　高低床、边柜

158　梳妆桌

162　顶箱衣柜

六、书房家具

170　书写桌

183　书写椅子

190　书柜

201　博古书柜

204　博古柜、博古架

215　架格

七、起居室家具

219　罗汉床

225　休闲椅

235　炕桌、矮桌

八、休闲室家具

238　棋牌桌椅

242　茶桌椅

九、海派中式家具简介

249　客厅家具

253　餐厅家具

257　卧房家具

262　书房家具

十、家具纹样

264　百寿纹样

265　久福纹样

266　束腰纹样

267　线条纹样

268　抽屉纹样

270　角牙纹样

274　站牙纹样

275　椅背纹样

276　柜足纹样

279　腿脚纹样

280　雕花纹样

313　铜饰纹样

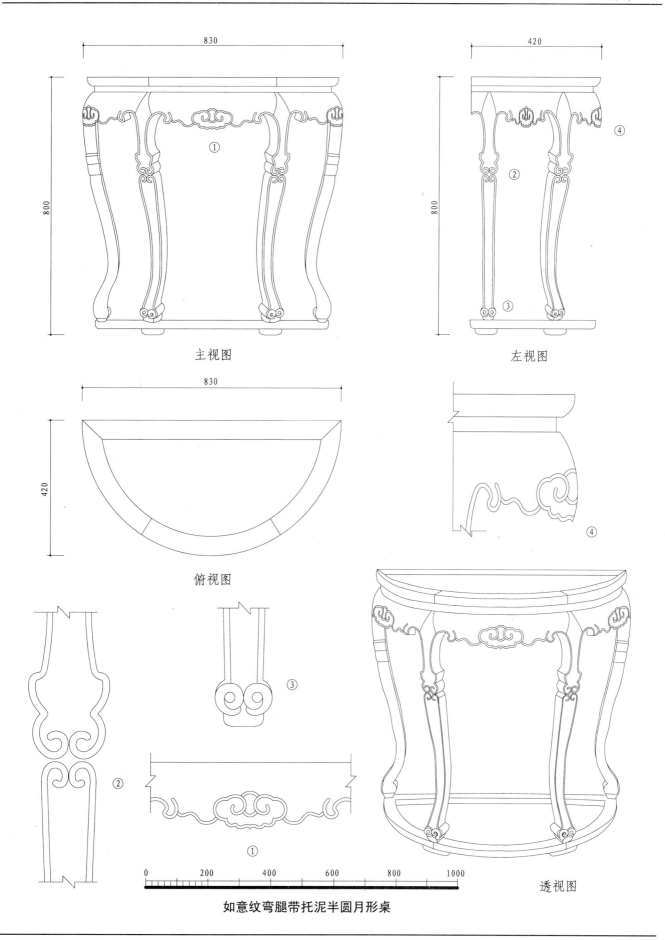

830

800

主视图

420

800

左视图

830

420

俯视图

④

③

②

①

0　200　400　600　800　1000

透视图

如意纹弯腿带托泥半圆月形桌

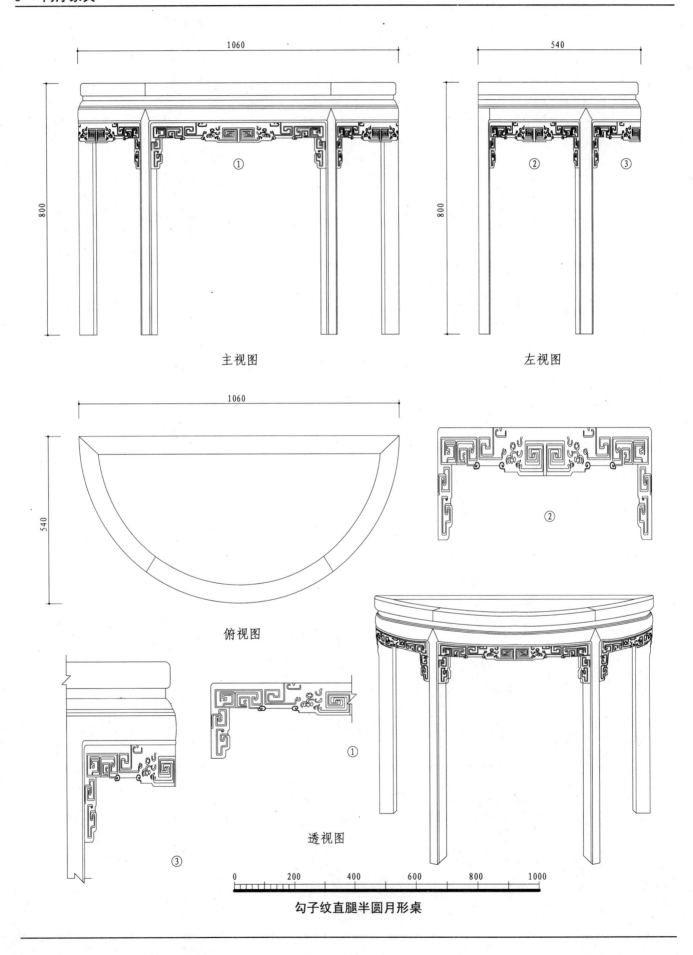

主视图

左视图

俯视图

透视图

勾子纹直腿半圆月形桌

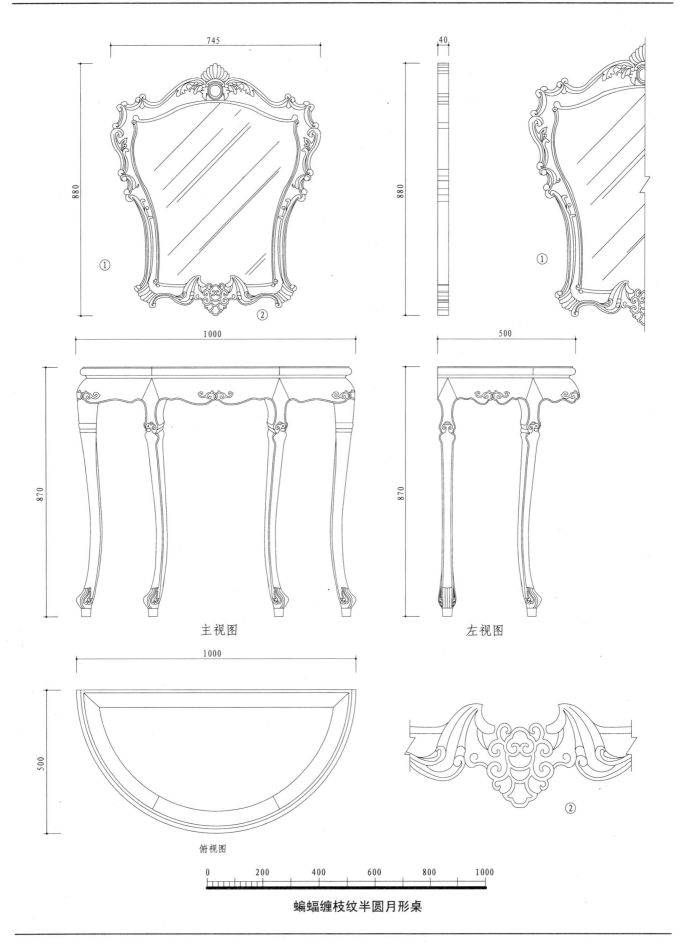

745

880

40

880

① ②

① ①

1000

870

500

870

主视图 左视图

1000

500

俯视图 ②

0　200　400　600　800　1000

蝙蝠缠枝纹半圆月形桌

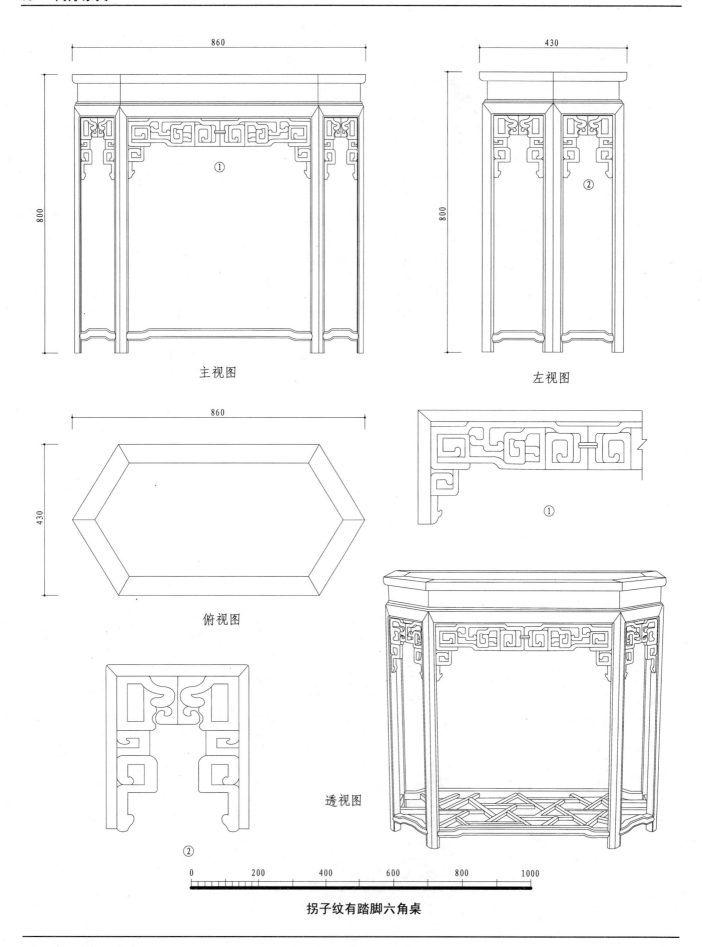

主视图

左视图

俯视图

①

②

透视图

拐子纹有踏脚六角桌

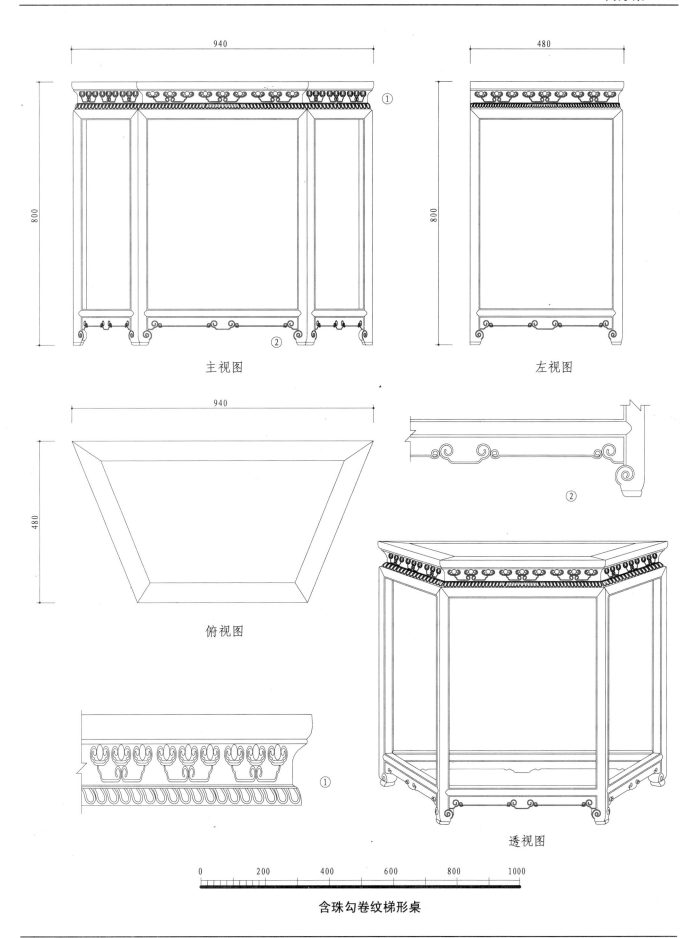

940

800

①

②

主视图

480

800

左视图

940

480

俯视图

②

①

透视图

0　　200　　400　　600　　800　　1000

含珠勾卷纹梯形桌

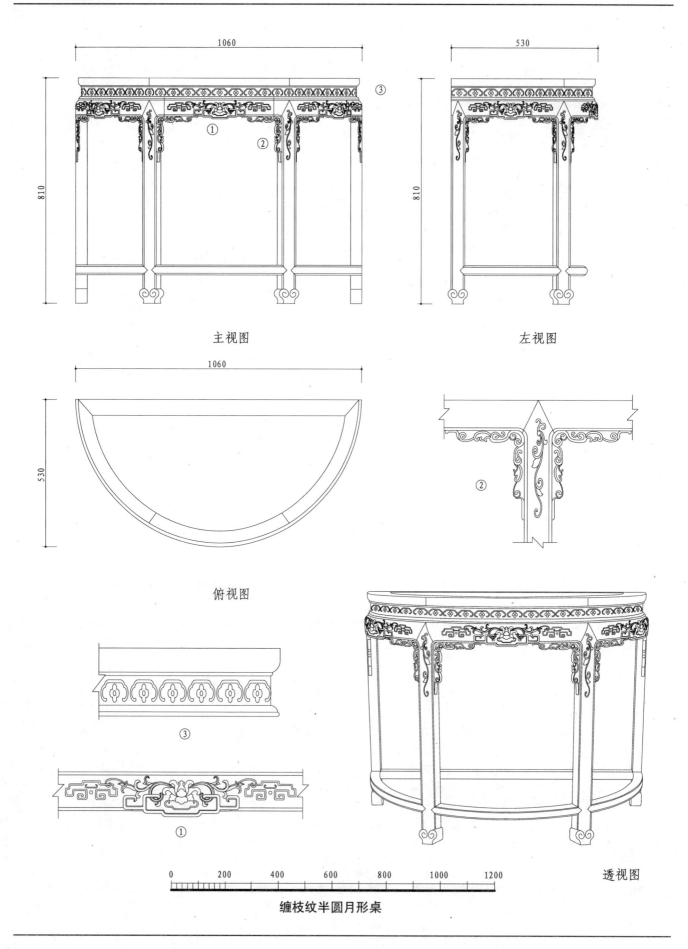

主视图

左视图

俯视图

透视图

缠枝纹半圆月形桌

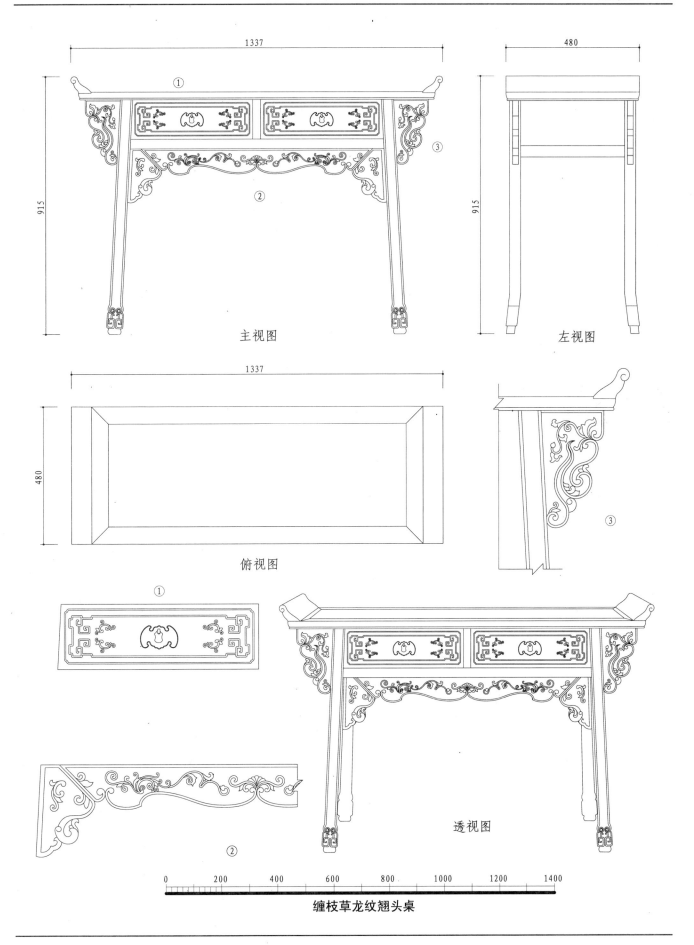

1337

480

915

915

主视图

左视图

1337

480

俯视图

①

③

②

透视图

0　　200　　400　　600　　800　　1000　　1200　　1400

缠枝草龙纹翘头桌

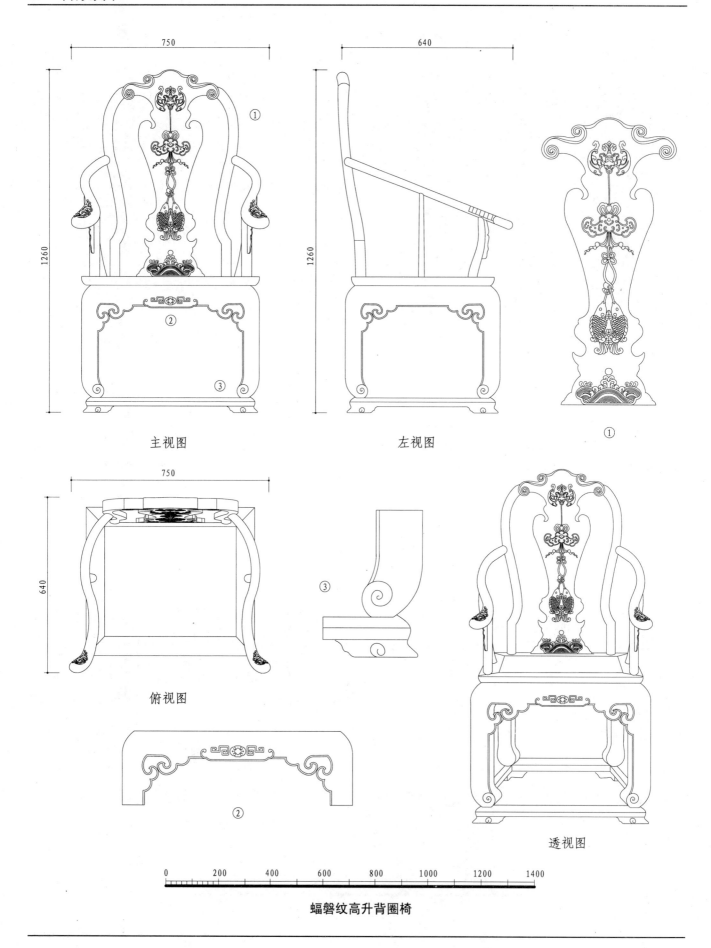

主视图

左视图

①

俯视图

③

②

透视图

蝠磬纹高升背圈椅

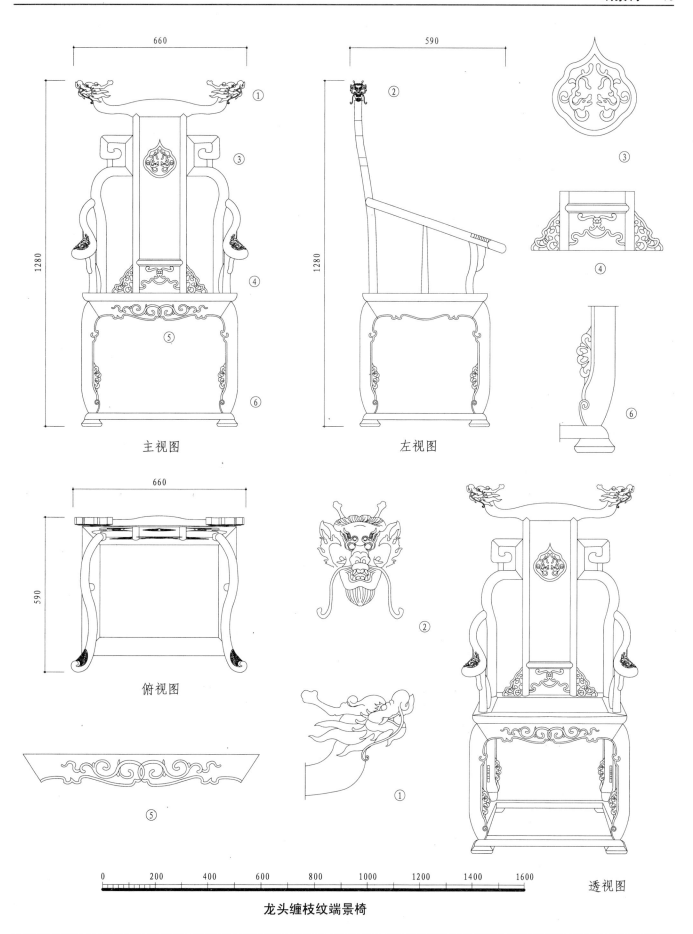

主视图

左视图

俯视图

龙头缠枝纹端景椅

透视图

870

1240

① ②

③

主视图

870

1240

左视图

①

②

③

透视图

0　200　400　600　800　1000　1200　1400

长寿双钱纹高背厅堂端景椅

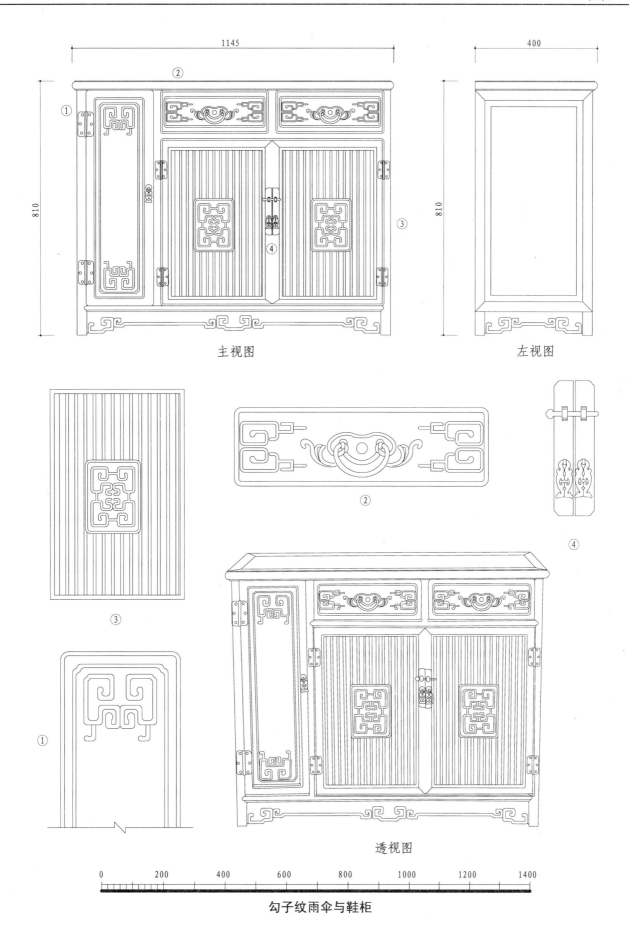

主视图

左视图

②

③

①

④

透视图

勾子纹雨伞与鞋柜

主视图

左视图

①

②　③

透视图

缠枝花鸟纹翘头鞋柜

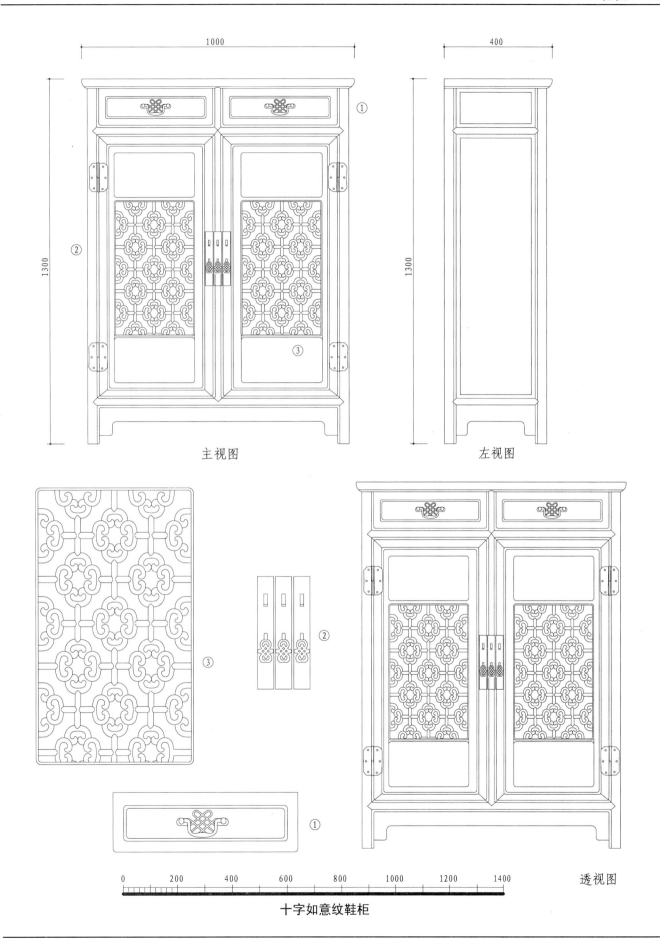

1000

400

1300

1300

主视图

左视图

③

②

①

透视图

十字如意纹鞋柜

0　　200　　400　　600　　800　　1000　　1200　　1400

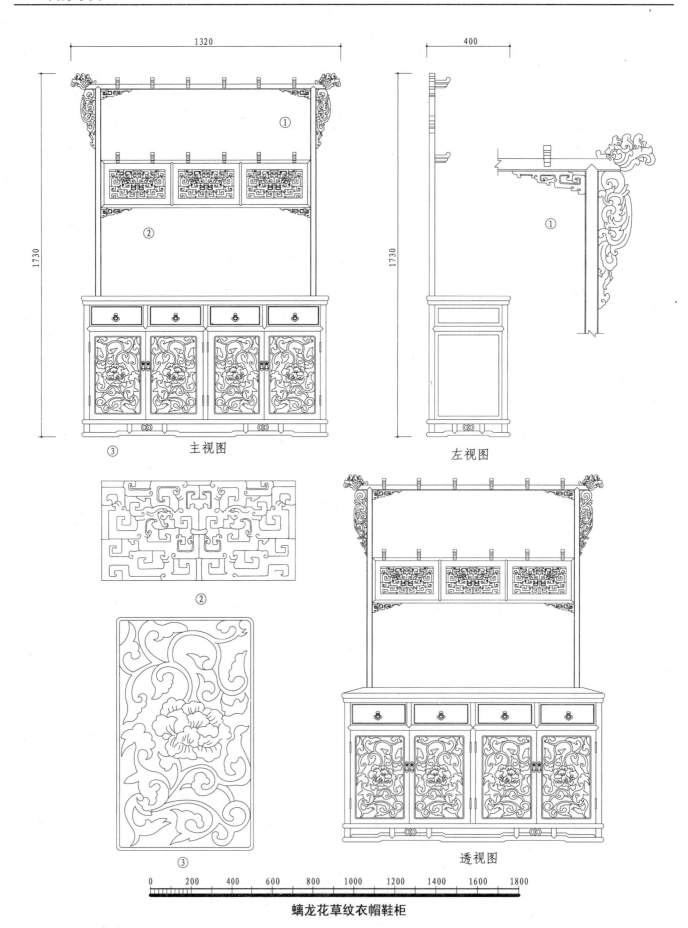

1320

1730

① ②

③　　　主视图

400

1730

①

左视图

②

③

0　200　400　600　800　1000　1200　1400　1600　1800

透视图

螭龙花草纹衣帽鞋柜

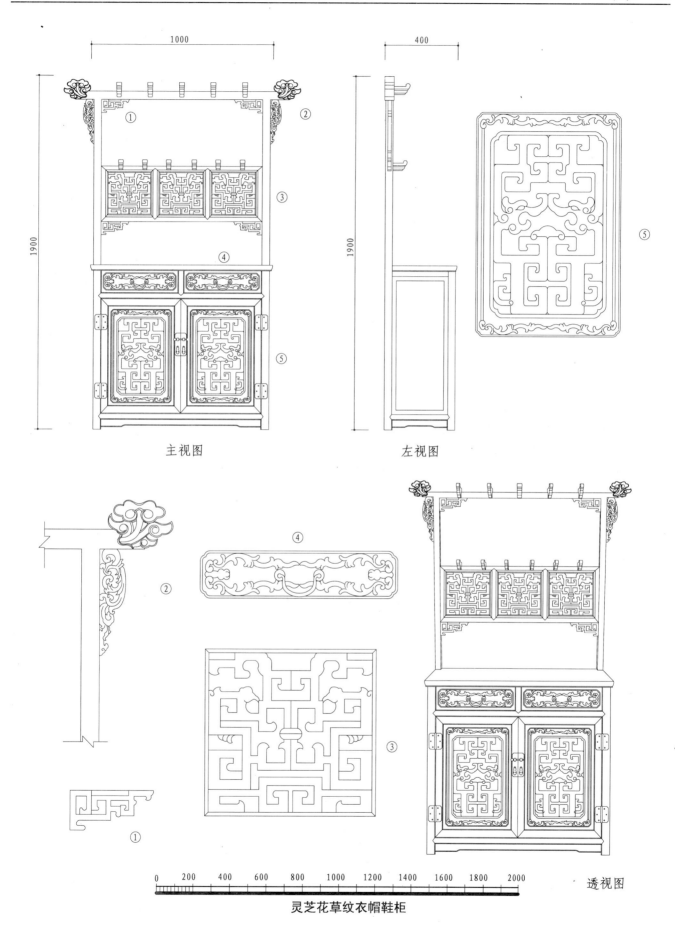

主视图

左视图

透视图

灵芝花草纹衣帽鞋柜

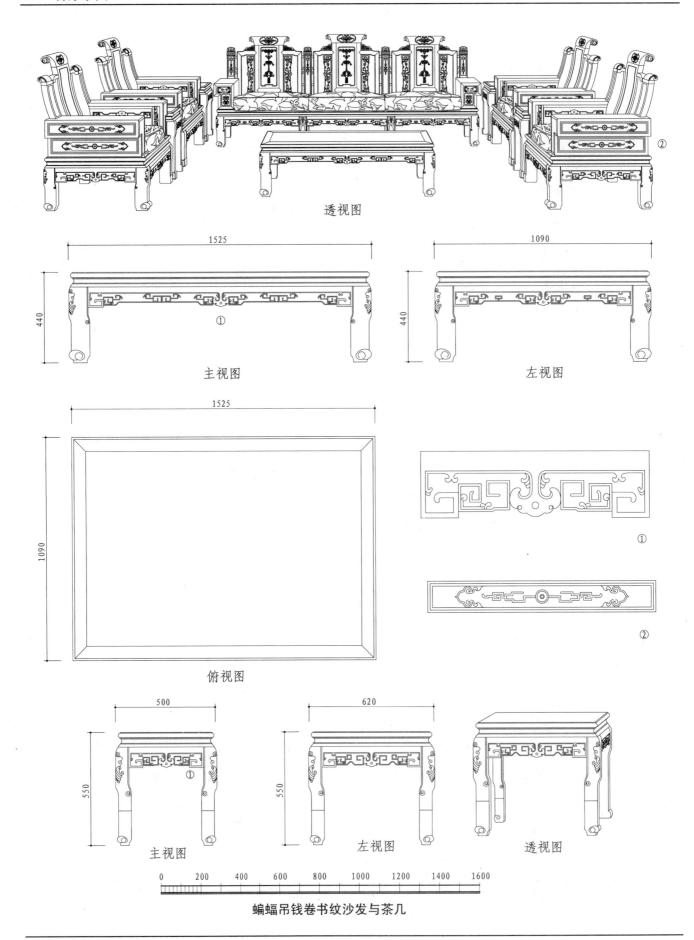

透视图

1525

440

①

主视图

1090

440

左视图

1525

1090

俯视图

①

②

500

550

①

主视图

620

550

左视图

透视图

0　200　400　600　800　1000　1200　1400　1600

蝙蝠吊钱卷书纹沙发与茶几

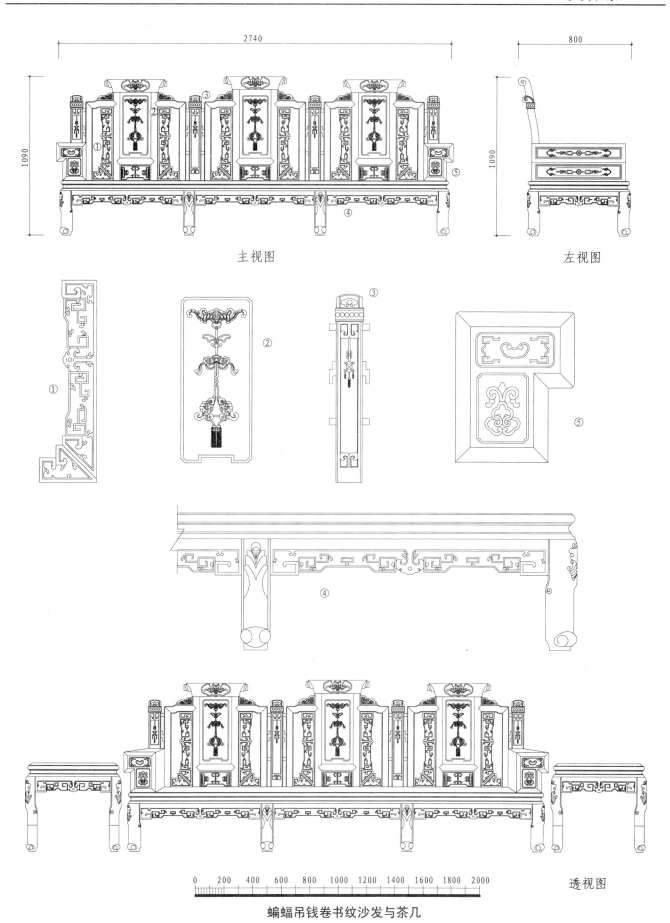

主视图　　　　　　　　　　　左视图

透视图

蝙蝠吊钱卷书纹沙发与茶几

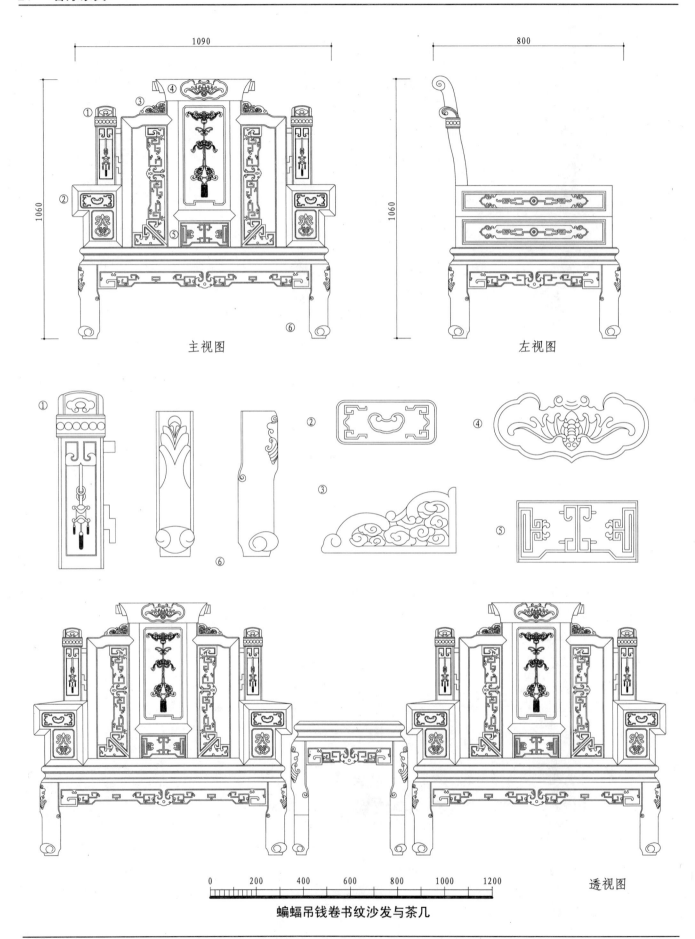

主视图

左视图

透视图

蝙蝠吊钱卷书纹沙发与茶几

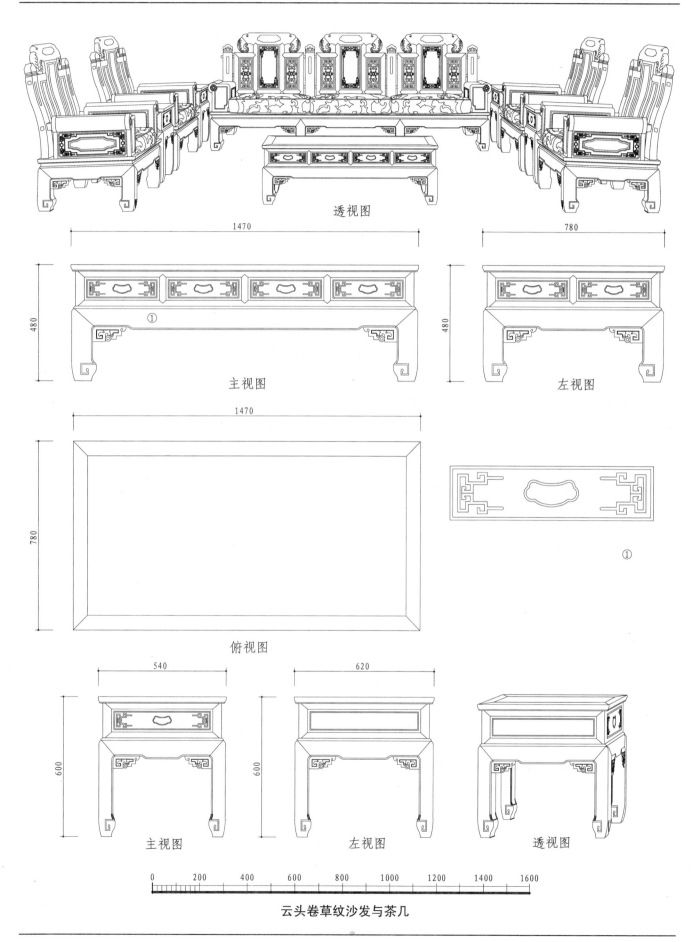

透视图

1470

480

① 主视图

780

480

左视图

1470

780

俯视图

①

540

600

主视图

620

600

左视图

透视图

0　200　400　600　800　1000　1200　1400　1600

云头卷草纹沙发与茶几

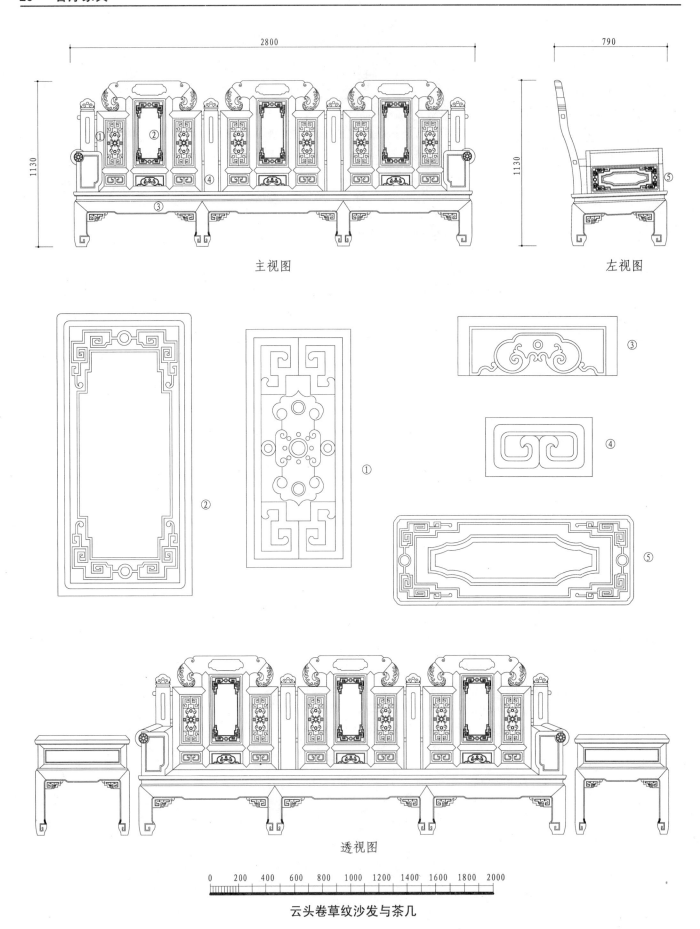

主视图

左视图

透视图

云头卷草纹沙发与茶几

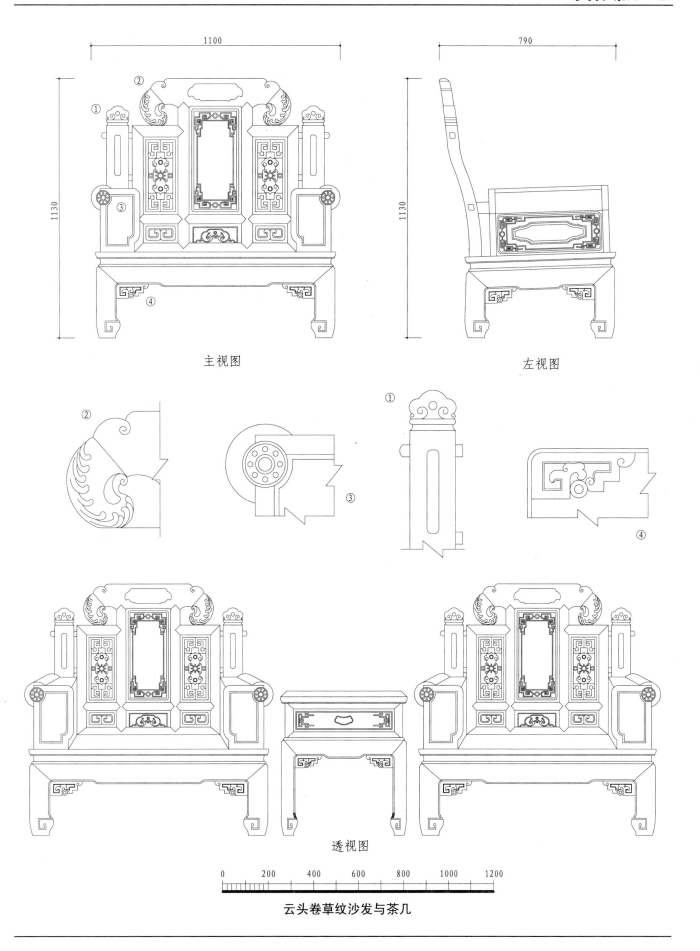

主视图

左视图

透视图

云头卷草纹沙发与茶几

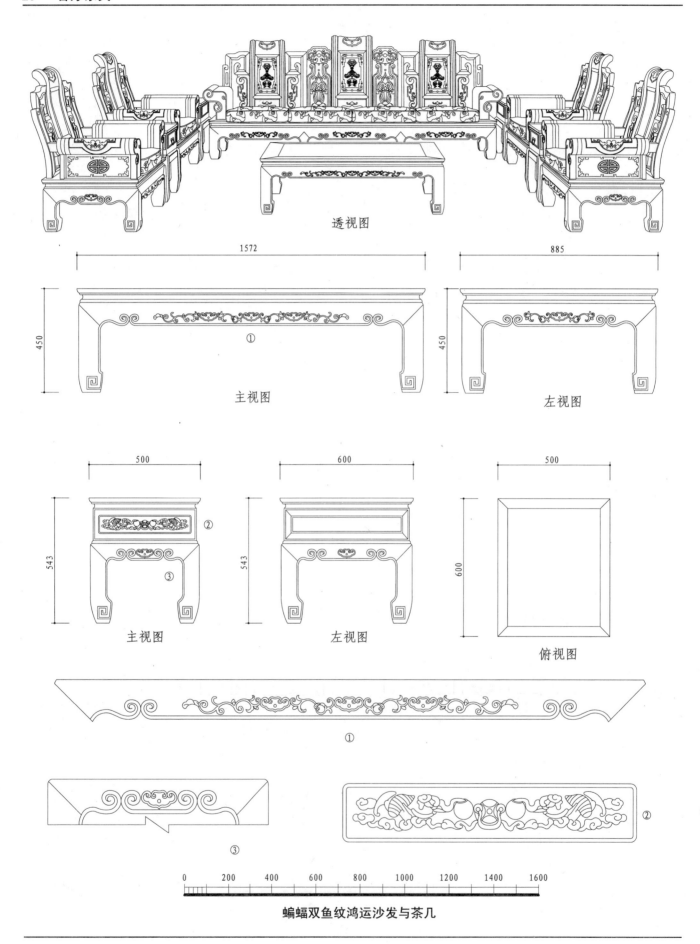

透视图

1572

885

450

450

主视图

左视图

500

600

500

543

543

600

①

主视图

左视图

俯视图

①

③

②

0　200　400　600　800　1000　1200　1400　1600

蝙蝠双鱼纹鸿运沙发与茶几

主视图　　　　　　　　　　　　左视图

蝙蝠双鱼纹鸿运沙发与茶几

透视图

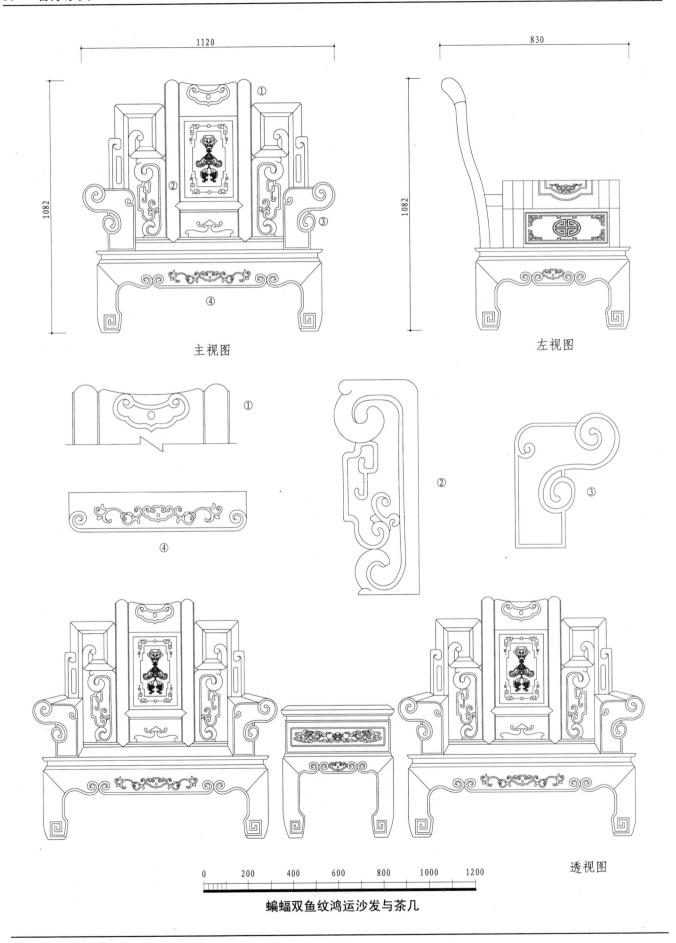

主视图   左视图

①

②

④

③

蝙蝠双鱼纹鸿运沙发与茶几

透视图

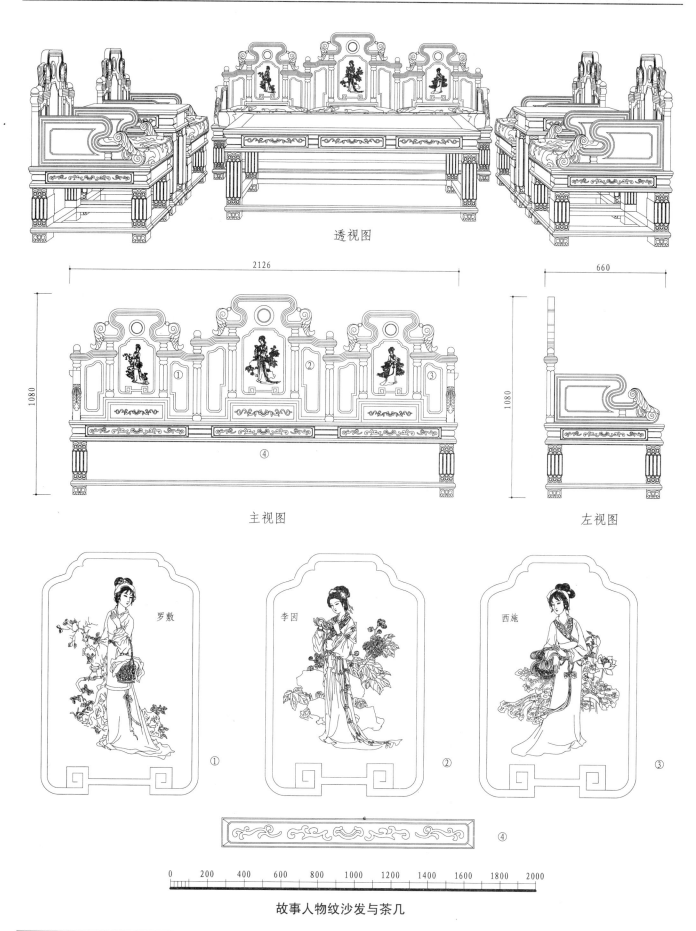

透视图

2126

660

1080

1080

① ② ③

④

主视图　　　　　　　　　左视图

罗敷　　　　　　李因　　　　　　西施

①　　　　　　②　　　　　　③

④

0　200　400　600　800　1000　1200　1400　1600　1800　2000

故事人物纹沙发与茶几

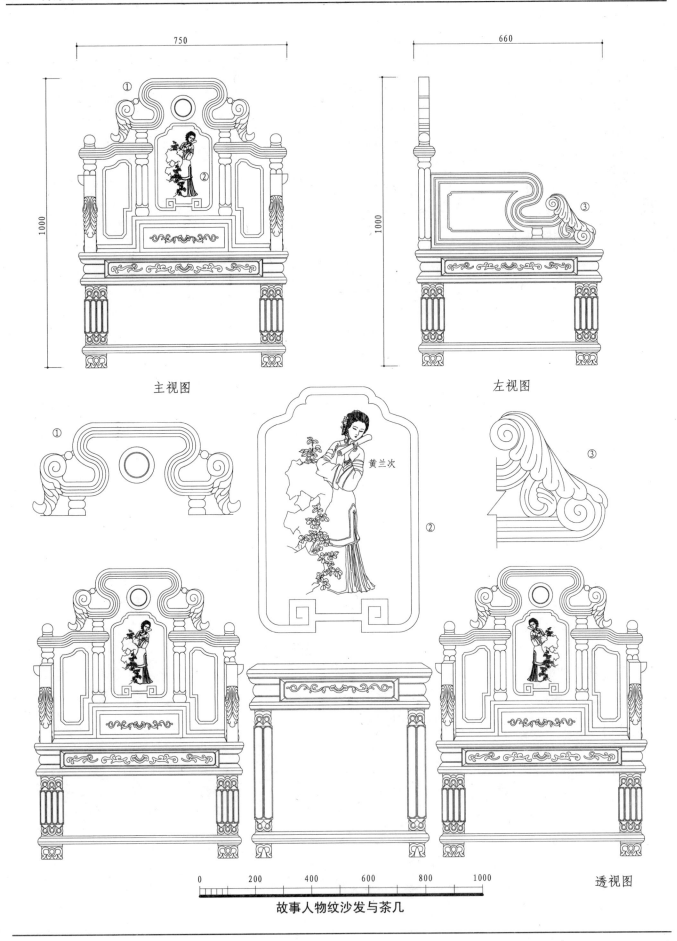

主视图

左视图

黄兰次

透视图

故事人物纹沙发与茶几

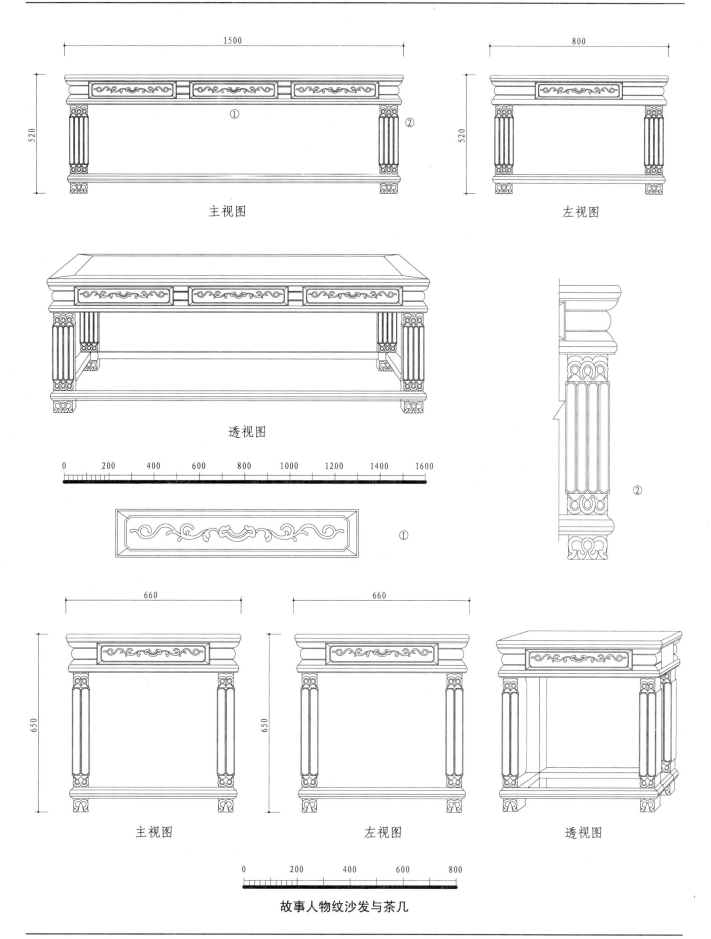

主视图

左视图

透视图

①

②

主视图

左视图

透视图

故事人物纹沙发与茶几

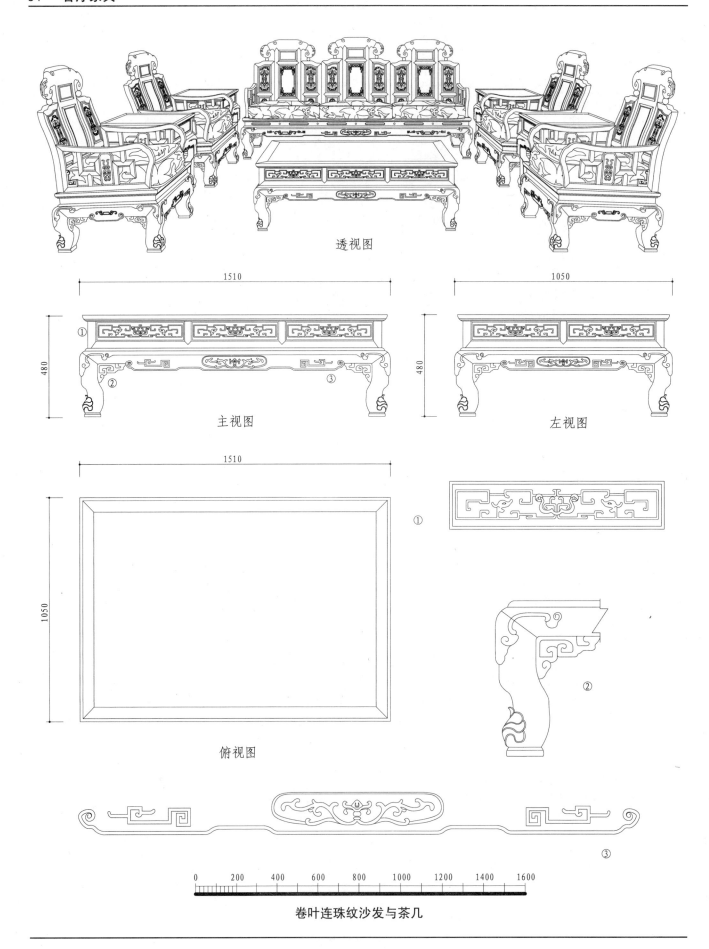

透视图

1510

① ② ③

480

主视图

1050

480

左视图

1510

1050

俯视图

①

②

③

0　200　400　600　800　1000　1200　1400　1600

卷叶连珠纹沙发与茶几

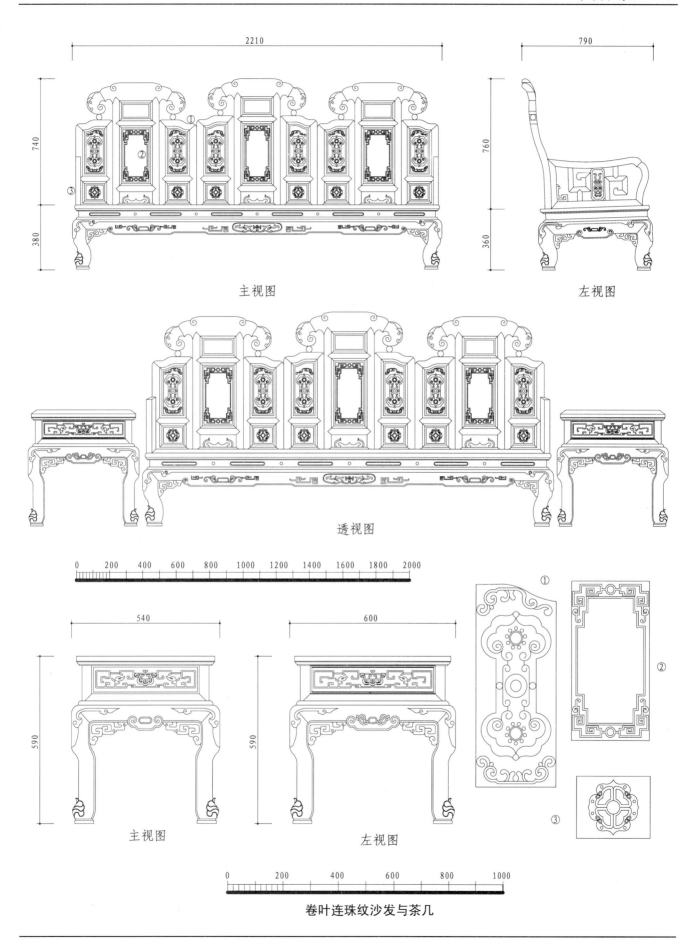

主视图

左视图

透视图

主视图

左视图

卷叶连珠纹沙发与茶几

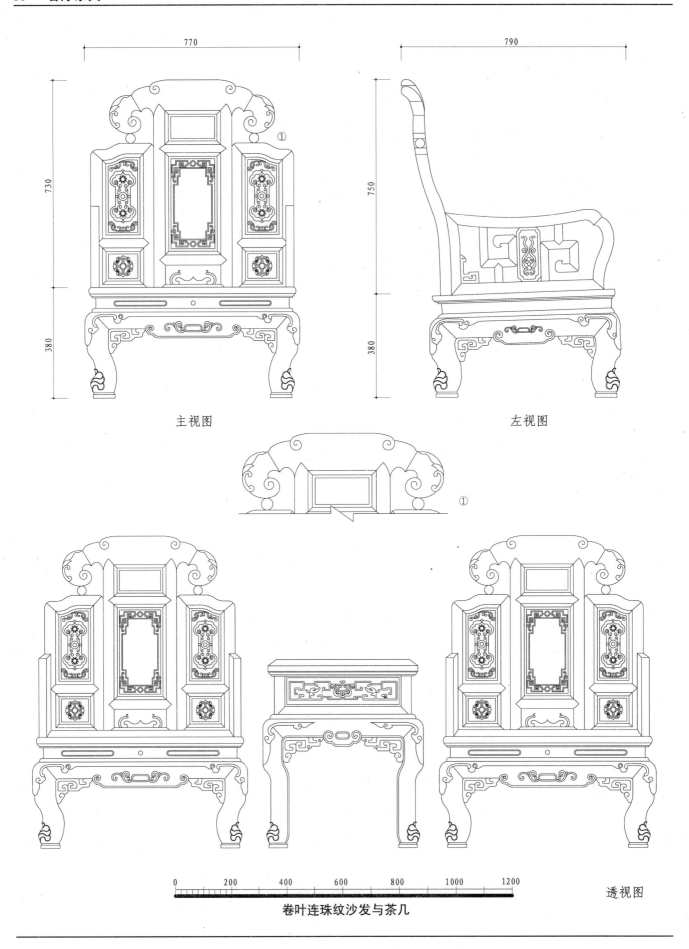

主视图

左视图

①

透视图

卷叶连珠纹沙发与茶几

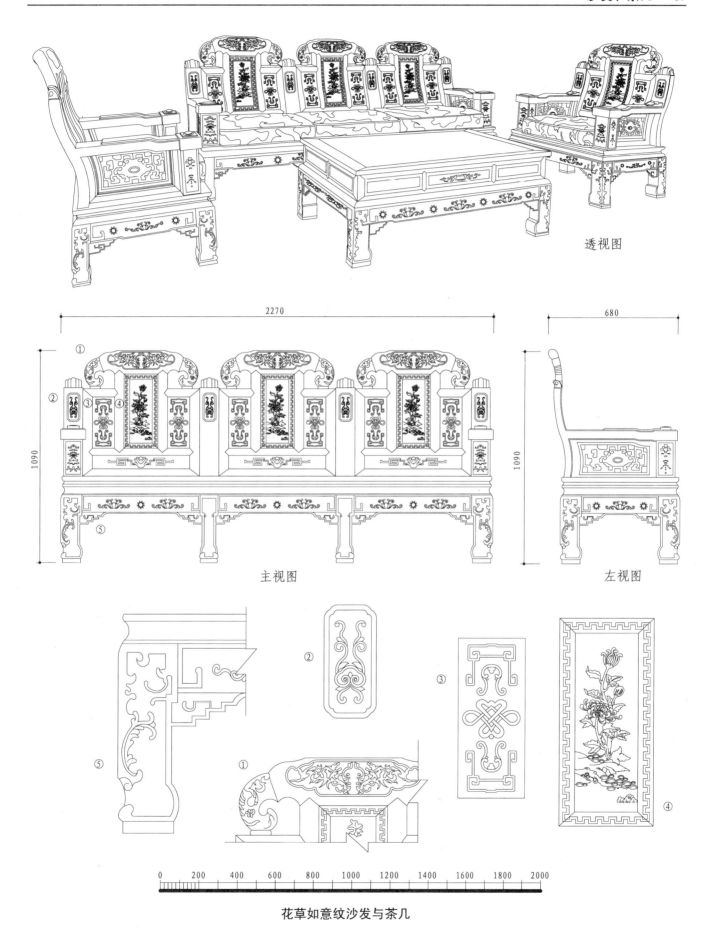

透视图

主视图

左视图

花草如意纹沙发与茶几

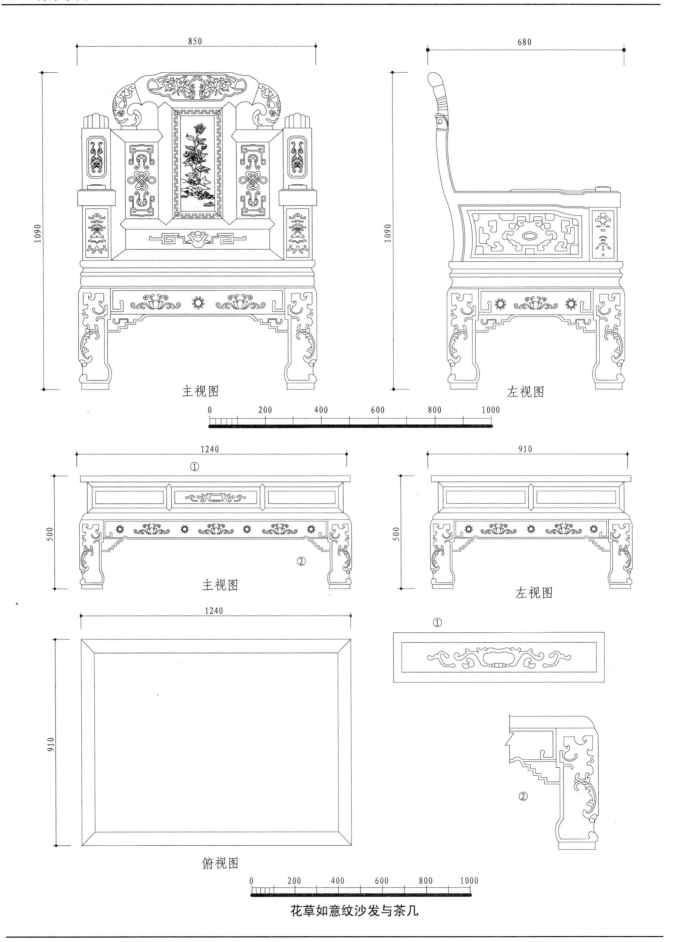

850

680

1090

1090

主视图

左视图

0   200   400   600   800   1000

1240

①

②

500

910

500

主视图

左视图

①

1240

910

②

俯视图

0   200   400   600   800   1000

花草如意纹沙发与茶几

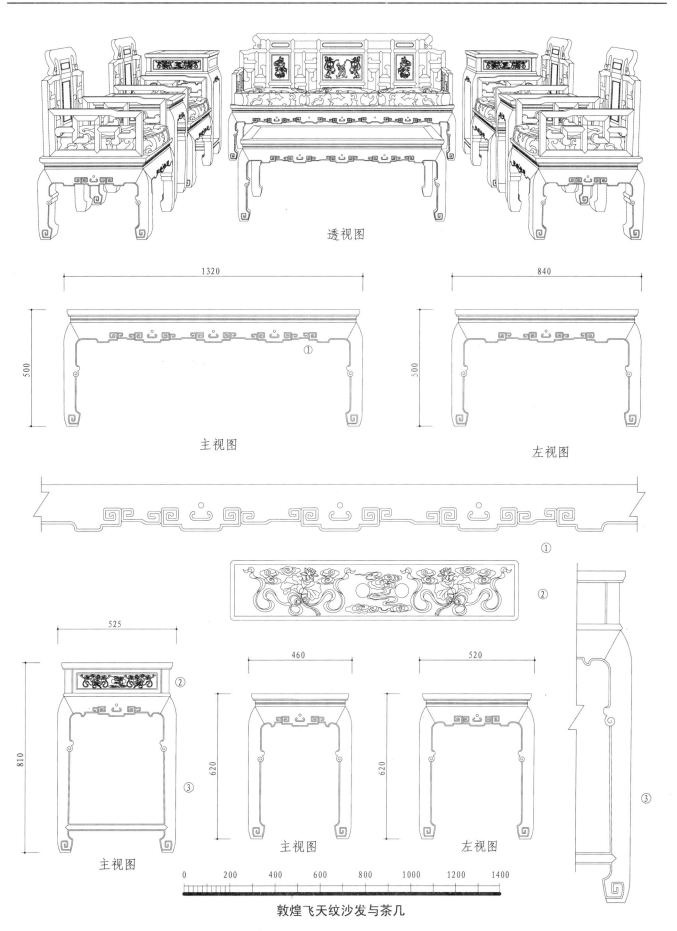

透视图

1320

500

主视图

840

500

左视图

①

525

②

810

③

460

620

主视图

520

620

左视图

②

③

0　200　400　600　800　1000　1200　1400

敦煌飞天纹沙发与茶几

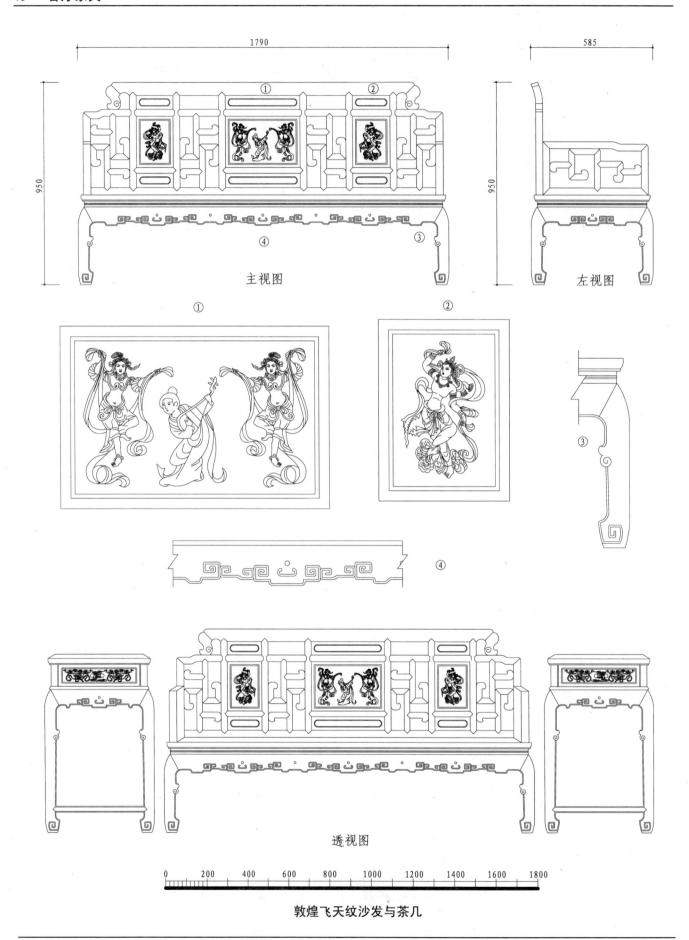

主视图

左视图

① ②

③

④

透视图

敦煌飞天纹沙发与茶几

主视图　　　　　　　　　　　　　　左视图

透视图

敦煌飞天纹沙发与茶几

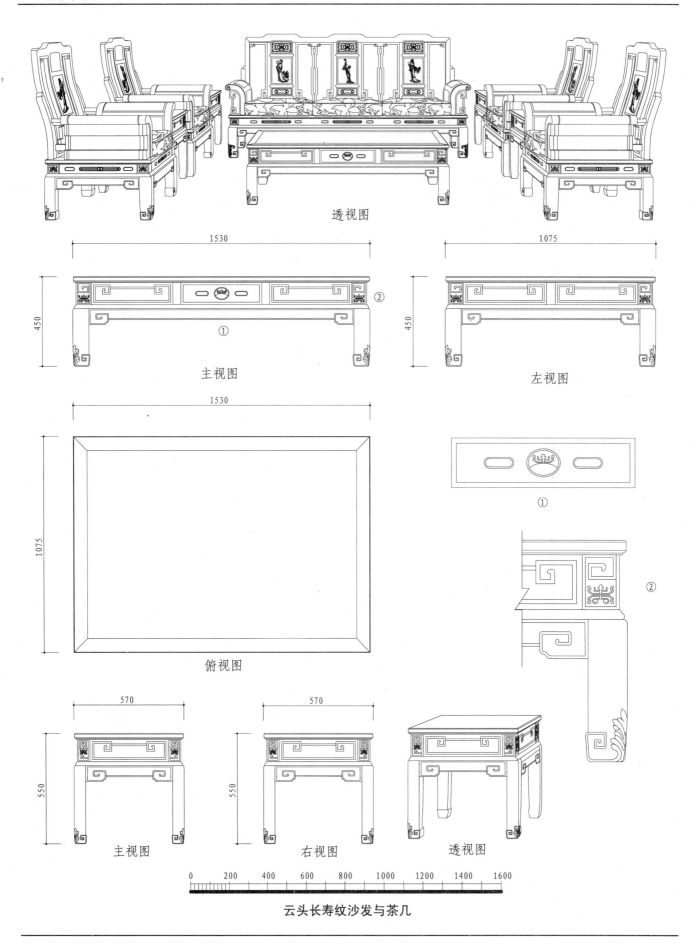

透视图

1530

450

②

①

主视图

1075

450

左视图

1530

1075

俯视图

①

②

570

570

550

550

主视图

右视图

透视图

0　200　400　600　800　1000　1200　1400　1600

云头长寿纹沙发与茶几

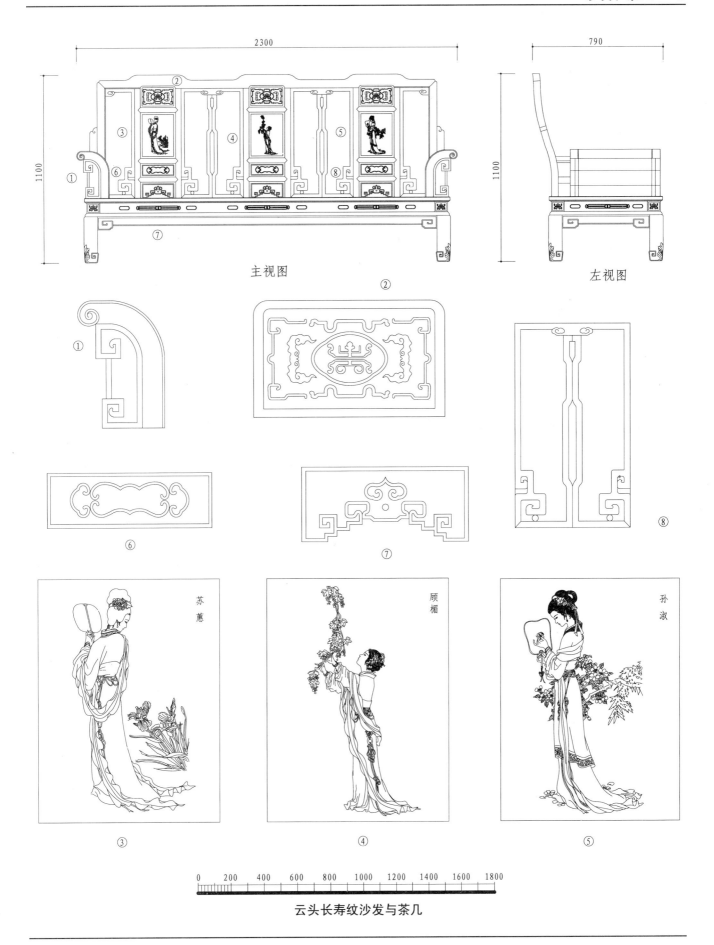

主视图

左视图

苏蕙

顾楣

孙淑

云头长寿纹沙发与茶几

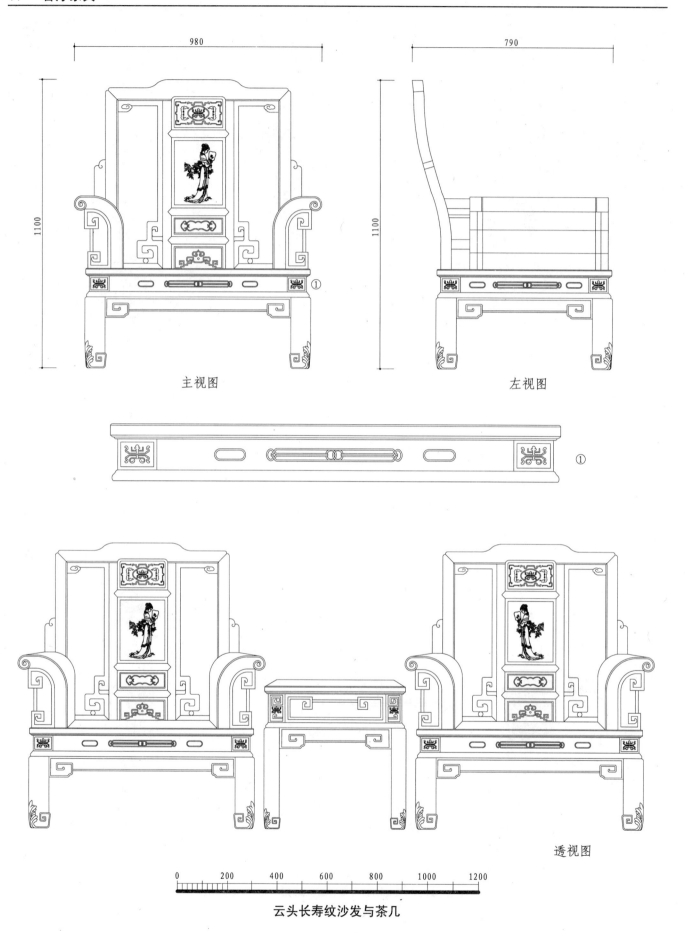

980

790

1100

1100

①

主视图

左视图

①

透视图

0　　200　　400　　600　　800　　1000　　1200

云头长寿纹沙发与茶几

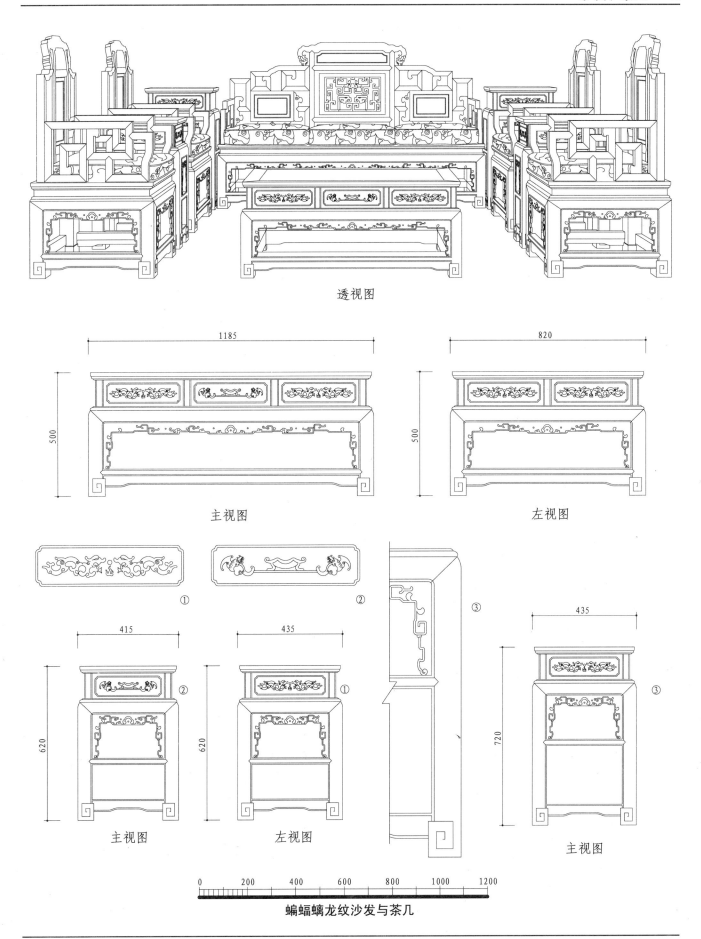

透视图

1185

500

主视图

820

500

左视图

①

②

③

415

620

主视图 ②

435

620

左视图 ①

③

435

720

主视图 ③

0   200   400   600   800   1000   1200

蝙蝠螭龙纹沙发与茶几

1760

1055

主视图

560

1055

左视图

①

②

③

0 200 400 600 800 1000 1200 1400 1600 1800

透视图

蝙蝠螭龙纹沙发与茶几

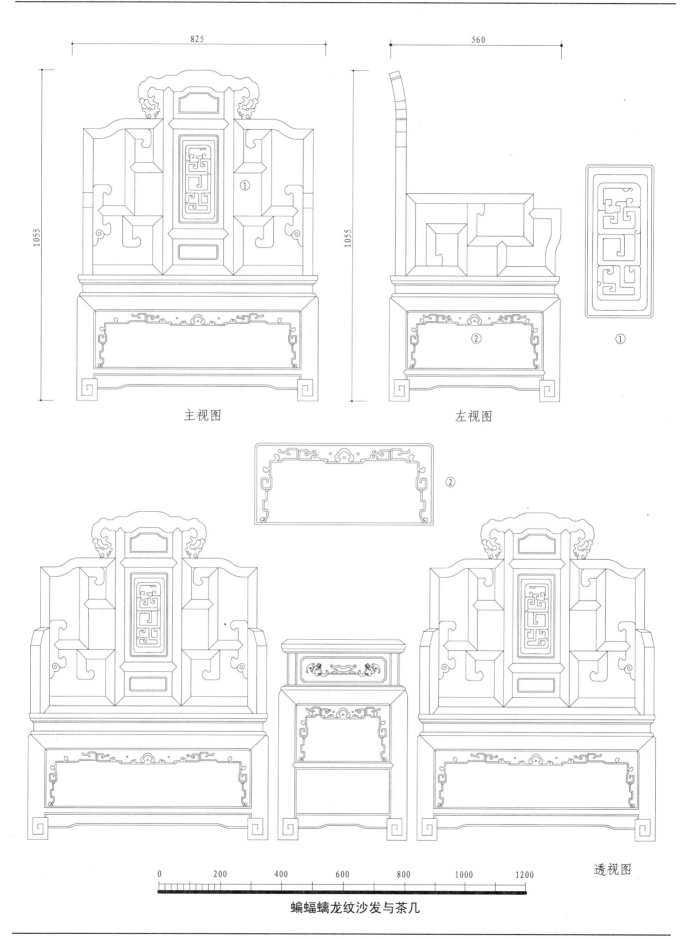

825

1055

主视图

560

1055

①

②

左视图

②

透视图

0   200   400   600   800   1000   1200

蝙蝠螭龙纹沙发与茶几

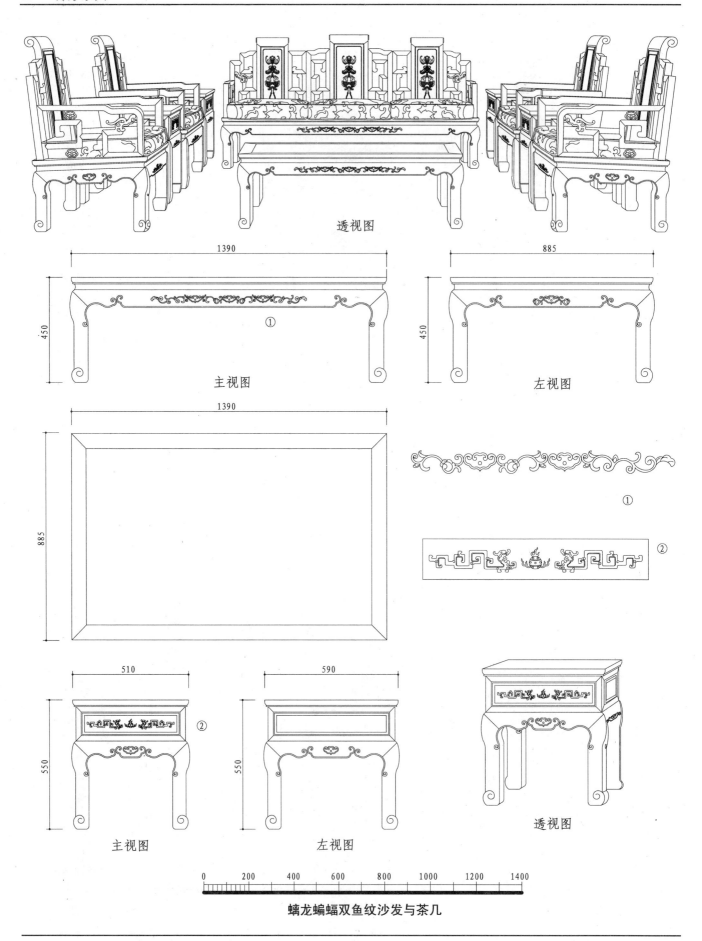

透视图

1390

885

450

主视图

885

450

左视图

1390

①

②

510

590

②

550

550

主视图

左视图

透视图

0　　200　　400　　600　　800　　1000　　1200　　1400

螭龙蝙蝠双鱼纹沙发与茶几

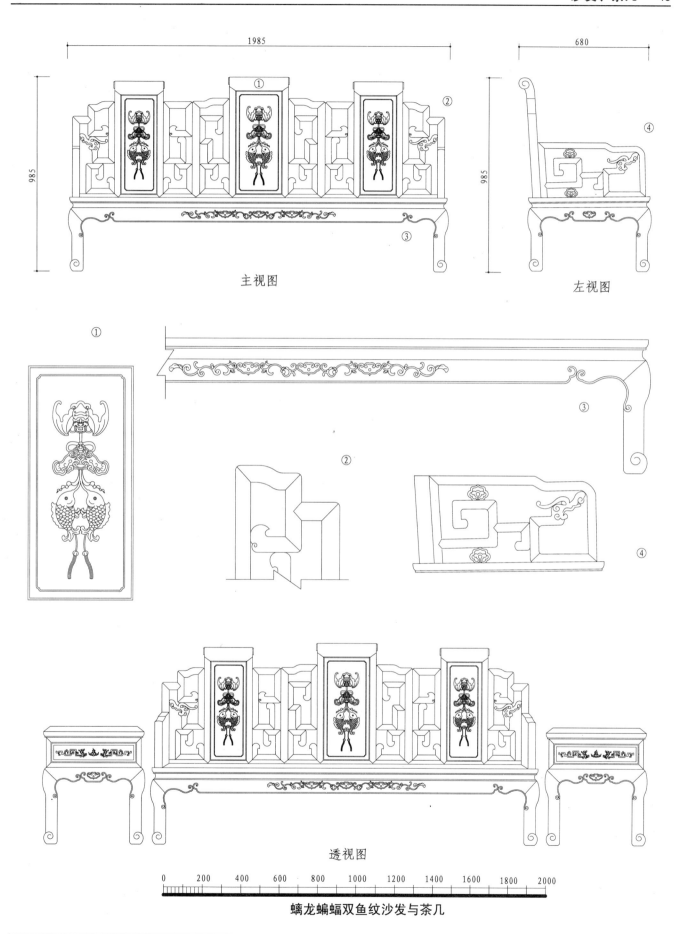

主视图

左视图

透视图

螭龙蝙蝠双鱼纹沙发与茶几

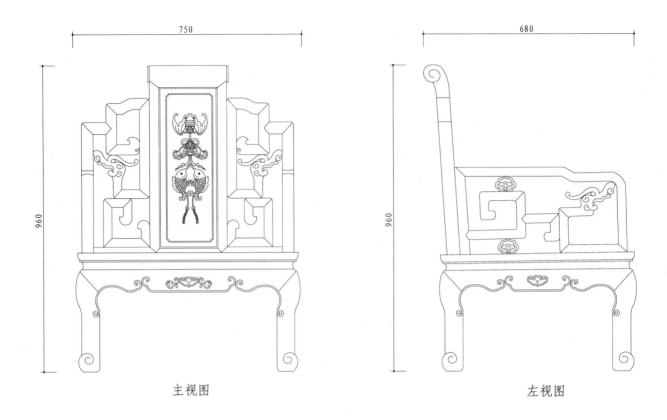

主视图　　　　　　　　　　左视图

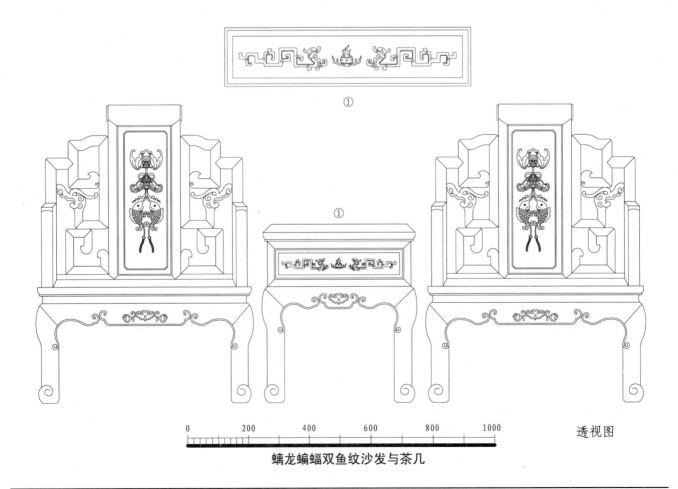

①

螭龙蝙蝠双鱼纹沙发与茶几

透视图

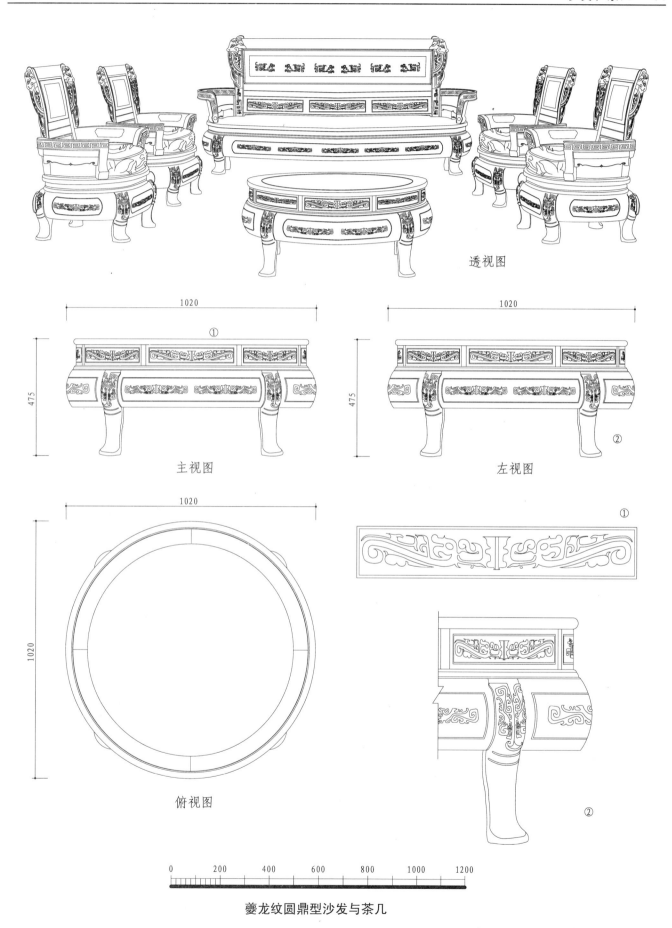

透视图

1020

① 主视图

475

1020

475

② 左视图

1020

1020

俯视图

①

②

0　200　400　600　800　1000　1200

夔龙纹圆鼎型沙发与茶几

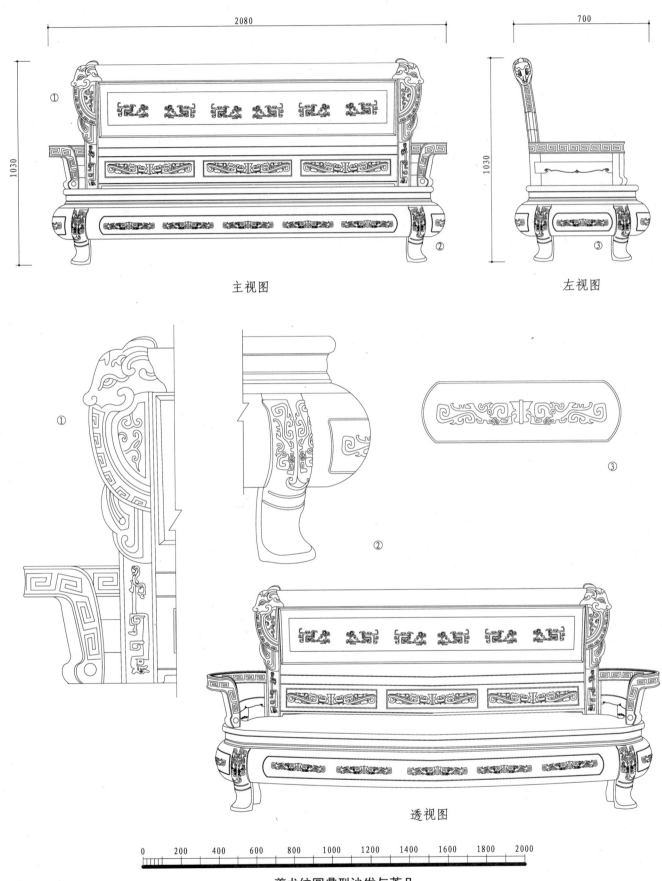

主视图

左视图

透视图

0 200 400 600 800 1000 1200 1400 1600 1800 2000

夔龙纹圆鼎型沙发与茶几

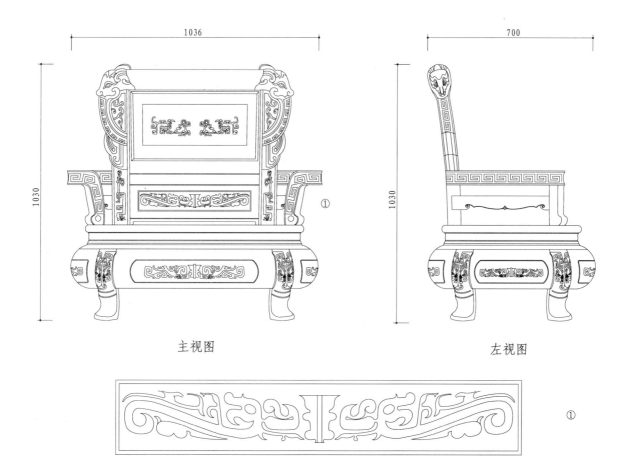

主视图　　　　　　　　　　　　　　　左视图

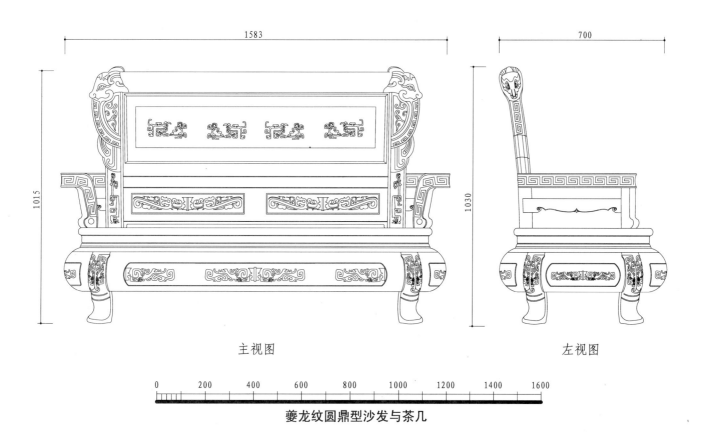

主视图　　　　　　　　　　　　　　　左视图

夔龙纹圆鼎型沙发与茶几

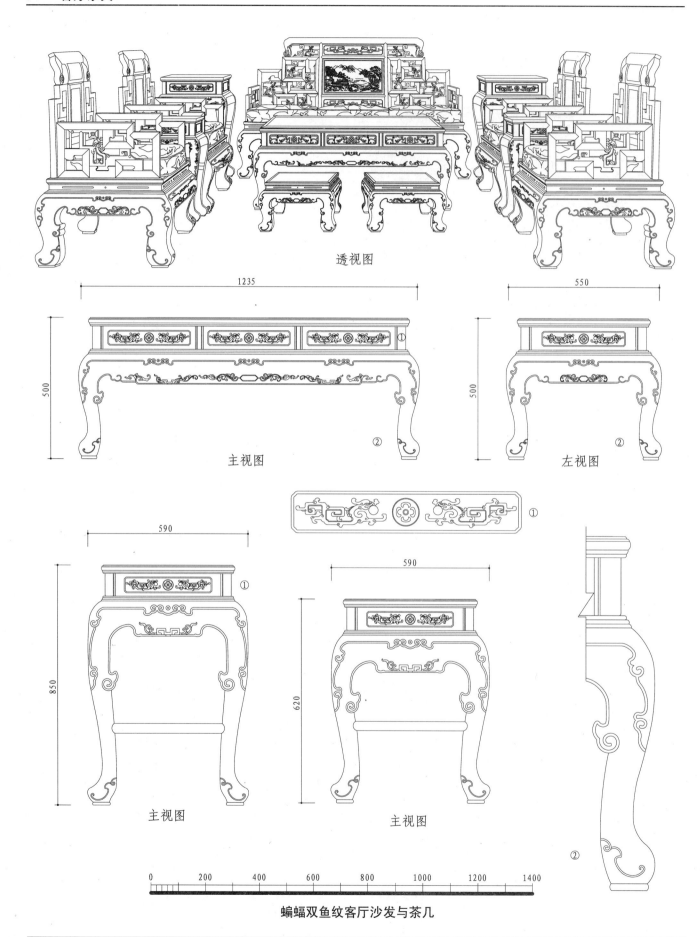

透视图

1235

500

主视图 ②

550

500

左视图 ②

①

590

850

主视图 ①

590

620

主视图

②

0　　200　　400　　600　　800　　1000　　1200　　1400

蝙蝠双鱼纹客厅沙发与茶几

1900

720

1150

1150

①

②

③

④

主视图

左视图

①

②

③

④

透视图

0　200　400　600　800　1000　1200　1400　1600　1800　2000

蝙蝠双鱼纹客厅沙发与茶几

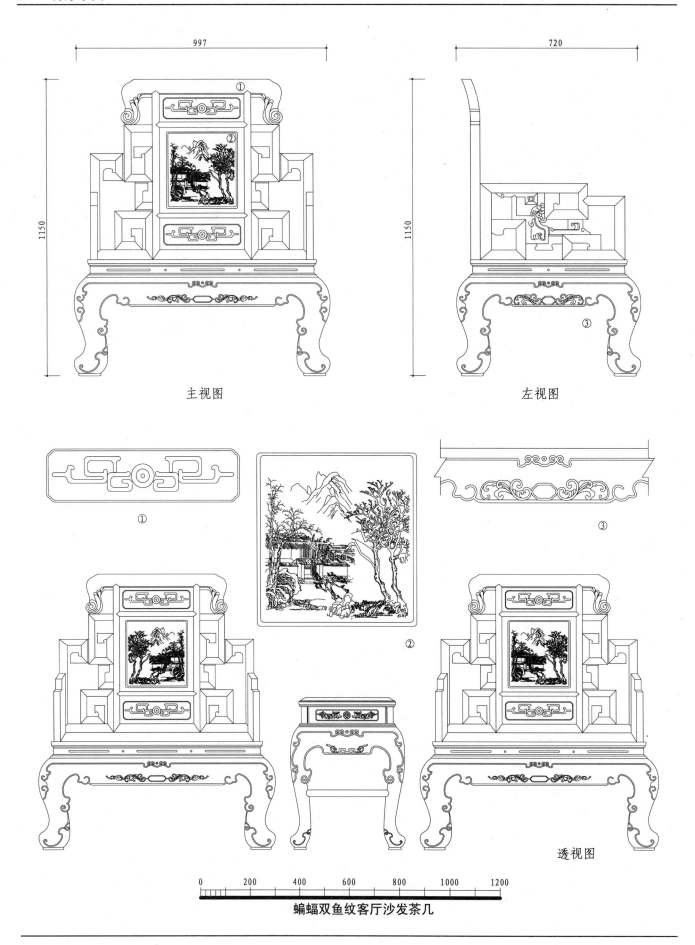

997

720

1150

1150

①

②

③

主视图

左视图

①

②

③

透视图

0　200　400　600　800　1000　1200

蝙蝠双鱼纹客厅沙发茶几

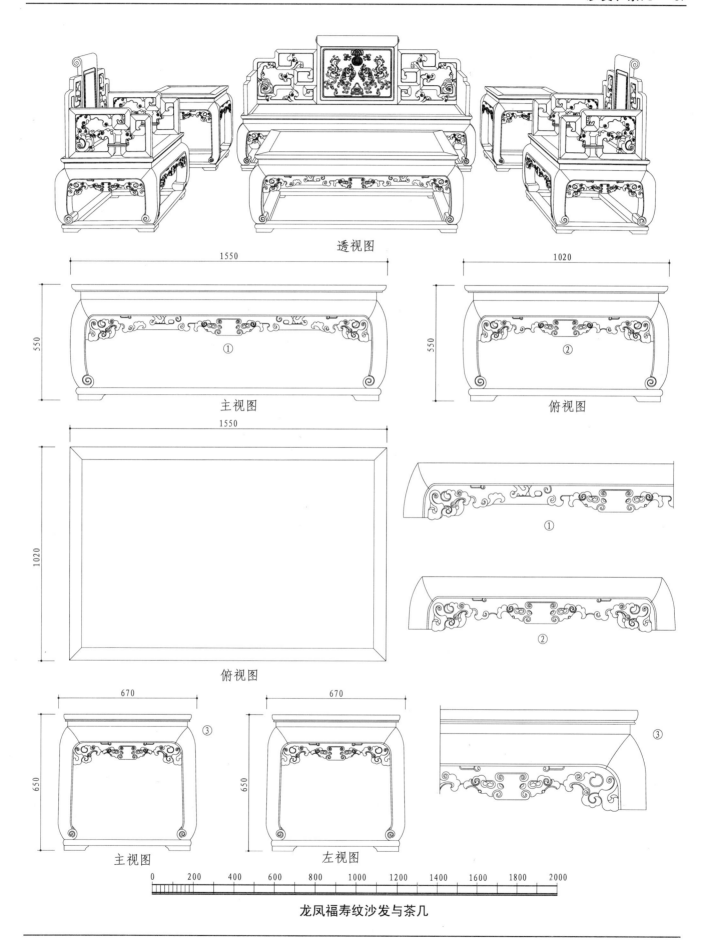

透视图

1550

550

①

主视图

1020

550

②

俯视图

1550

1020

俯视图

①

②

670

③

650

主视图

670

650

左视图

③

0　200　400　600　800　1000　1200　1400　1600　1800　2000

龙凤福寿纹沙发与茶几

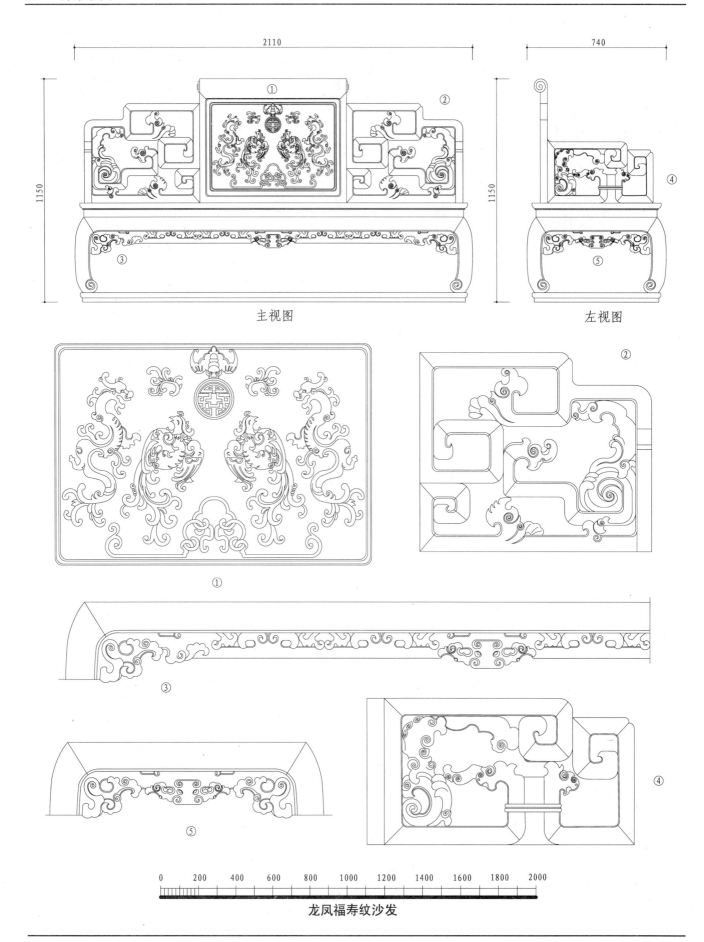

主视图

左视图

①

②

③

④

⑤

龙凤福寿纹沙发

主视图　　　　　　　　左视图

龙凤福寿纹沙发与茶几

透视图

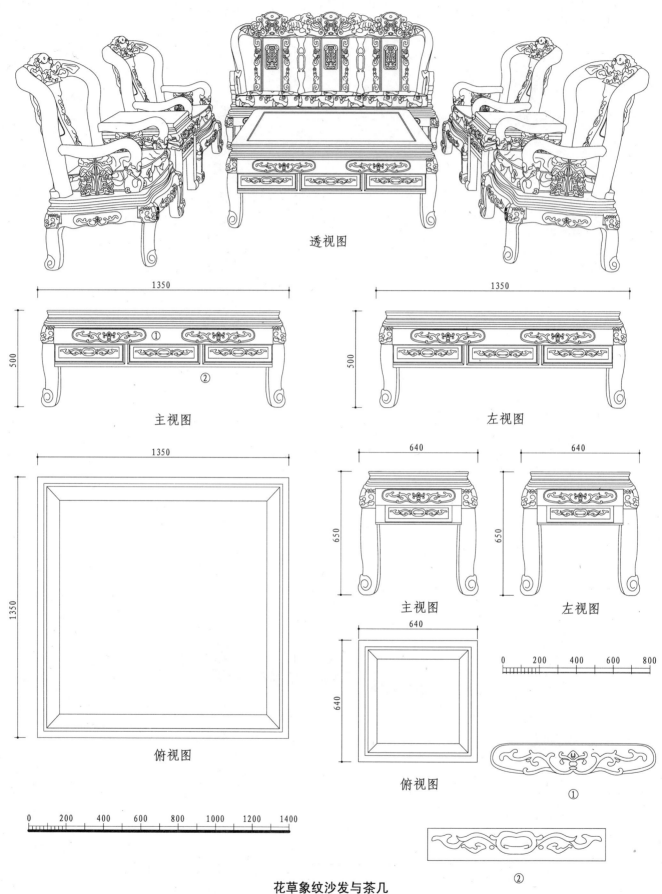

透视图

1350

500

① ②

主视图

1350

500

左视图

1350

1350

俯视图

0 200 400 600 800 1000 1200 1400

640

650

主视图

640

650

左视图

640

640

俯视图

0 200 400 600 800

①

②

花草象纹沙发与茶几

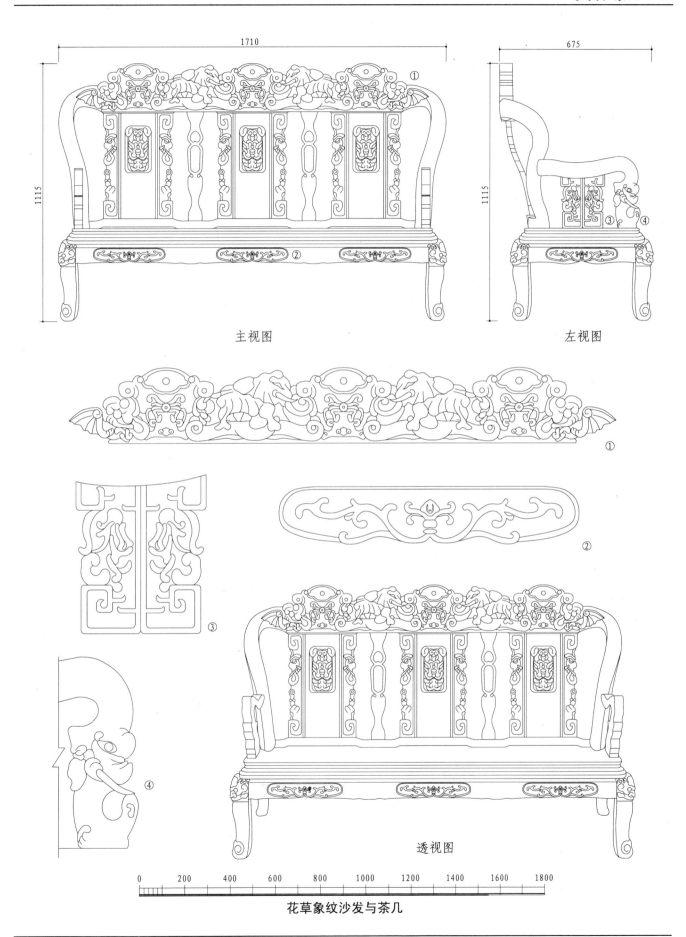

主视图

左视图

透视图

花草象纹沙发与茶几

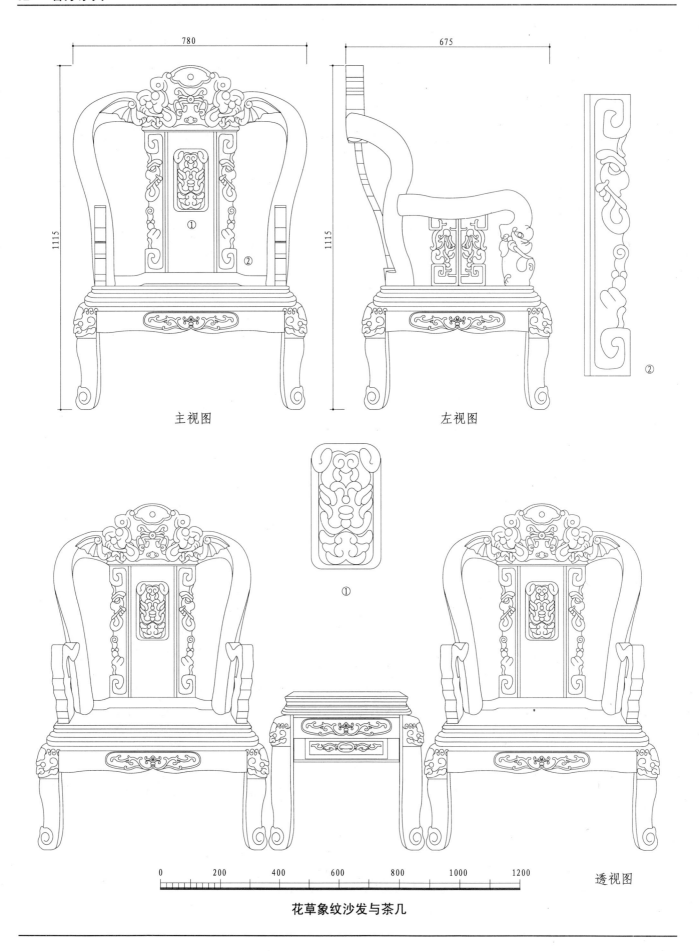

780

675

1115

1115

主视图

左视图

②

①

0 200 400 600 800 1000 1200

透视图

花草象纹沙发与茶几

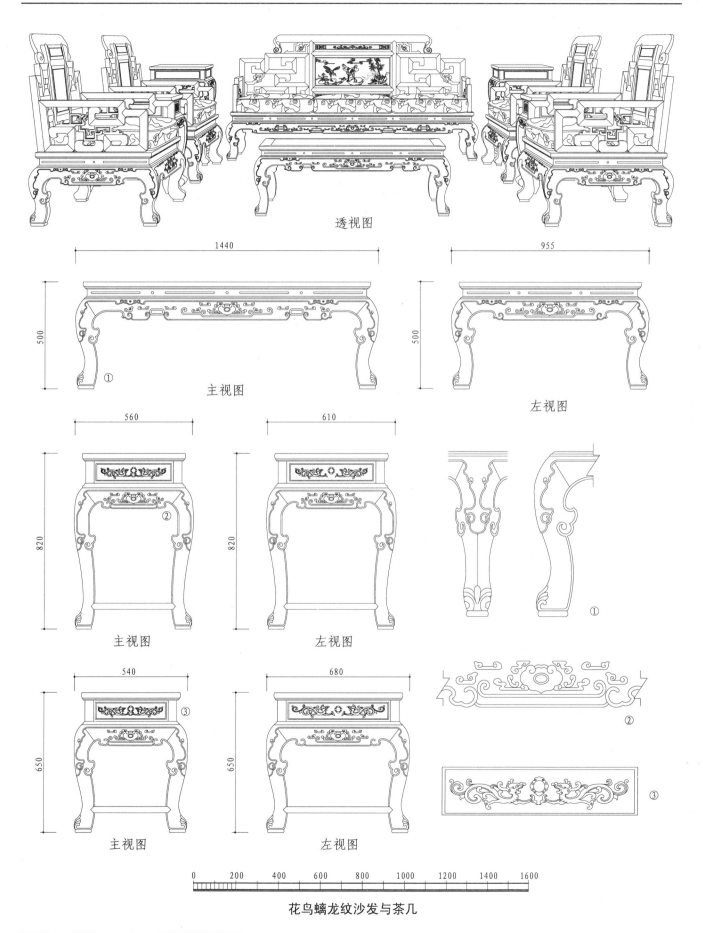

透视图

1440

955

500

① 主视图

500

左视图

560

610

820

② 主视图

820

左视图

①

540

680

650

③ 主视图

650

左视图

②

③

0   200   400   600   800   1000   1200   1400   1600

花鸟螭龙纹沙发与茶几

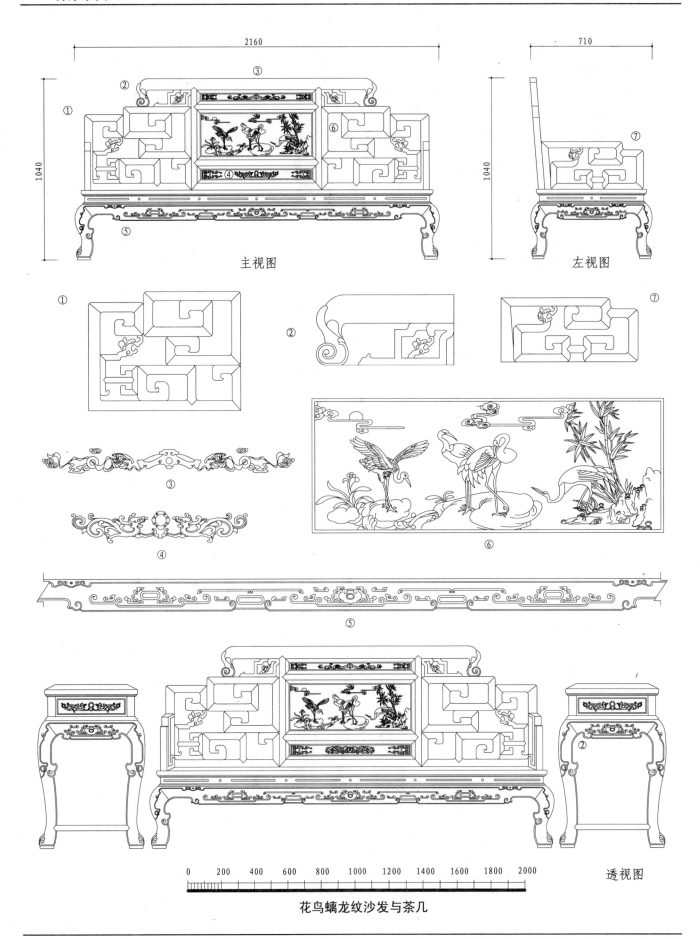

主视图

左视图

① ② ③ ④ ⑤ ⑥ ⑦

透视图

花鸟螭龙纹沙发与茶几

0　200　400　600　800　1000　1200　1400　1600　1800　2000

1040

1040

710

1040

主视图

左视图

①

②

③

透视图

花鸟螭龙纹沙发与茶几

0　　200　　400　　600　　800　　1000　　1200

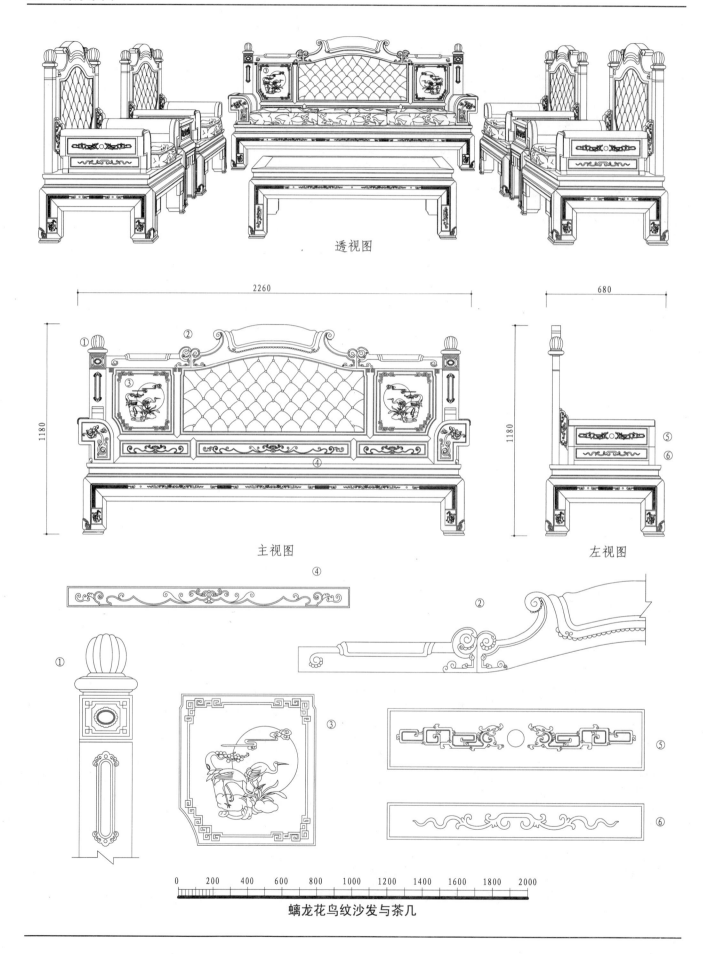

透视图

2260

680

① ② ③

1180

1180

⑤
⑥

主视图

左视图

④

②

①

③

⑤

⑥

0   200   400   600   800   1000   1200   1400   1600   1800   2000

螭龙花鸟纹沙发与茶几

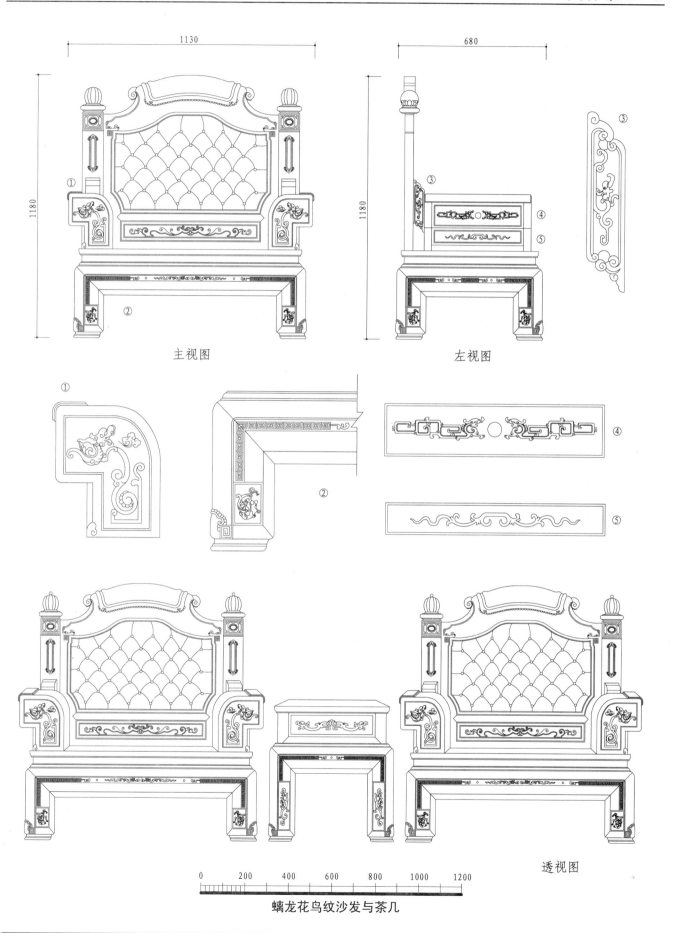

1130

1180

主视图

680

1180

左视图

①

②

③

④

⑤

透视图

0　200　400　600　800　1000　1200

螭龙花鸟纹沙发与茶几

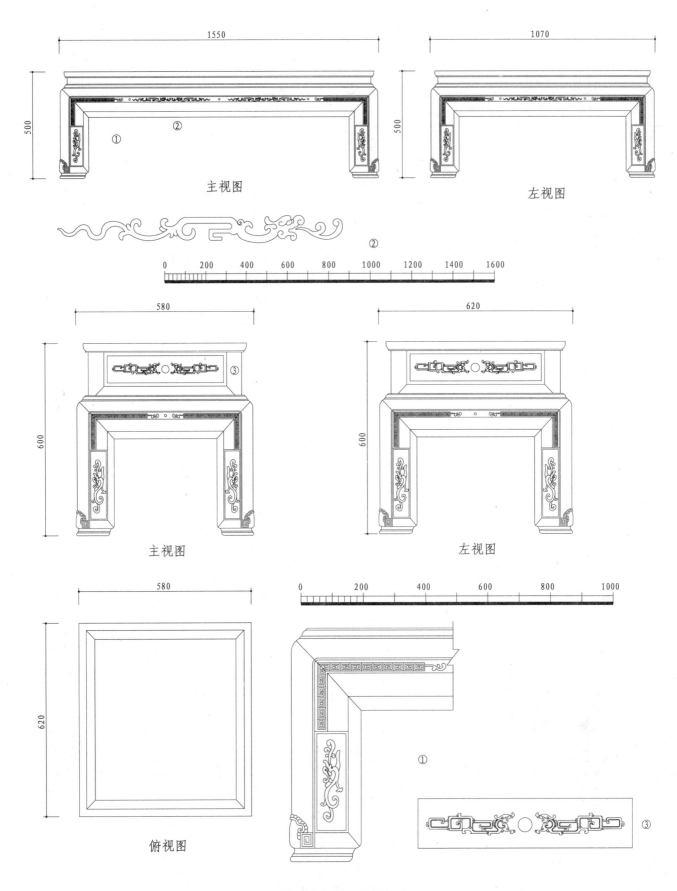

主视图

左视图

②

主视图

左视图

俯视图

①

③

蟠龙花鸟纹沙发与茶几

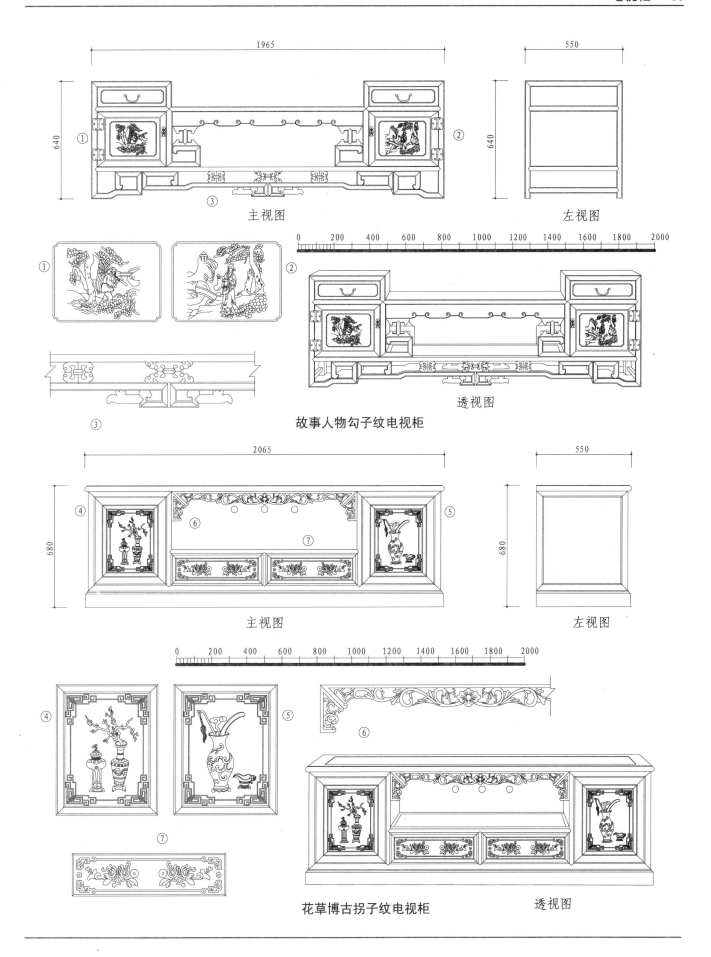

主视图

左视图

①　②　③

故事人物勾子纹电视柜

透视图

主视图

左视图

花草博古拐子纹电视柜

透视图

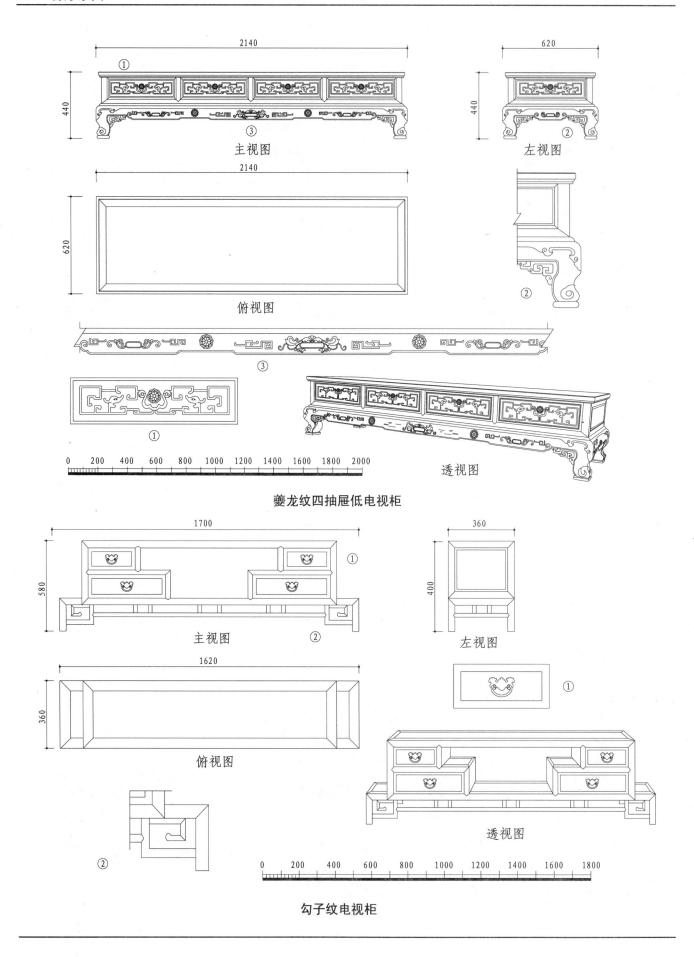

主视图

左视图

俯视图

③

①

透视图

夔龙纹四抽屉低电视柜

主视图

左视图

俯视图

②

透视图

勾子纹电视柜

1830

550

500

500

1830

550

① ② ③ ④ ⑤ ⑥

主视图

左视图

俯视图

透视图

0 200 400 600 800 1000 1200 1400 1600 1800 2000

云头如意纹电视柜

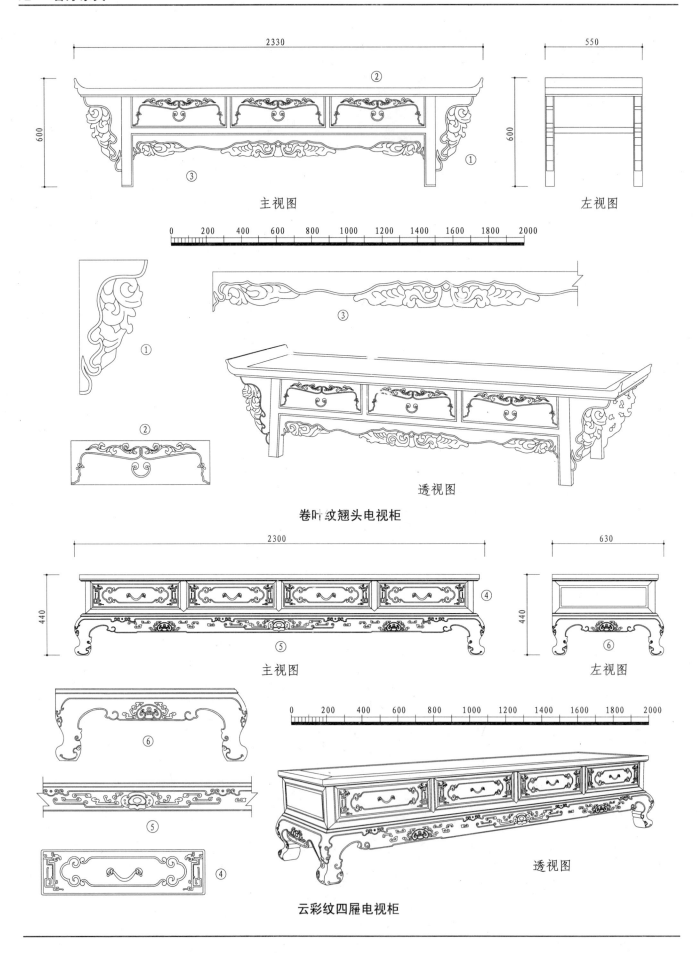

主视图　　　　左视图

卷叶纹翘头电视柜

透视图

主视图　　　　左视图

云彩纹四屉电视柜

透视图

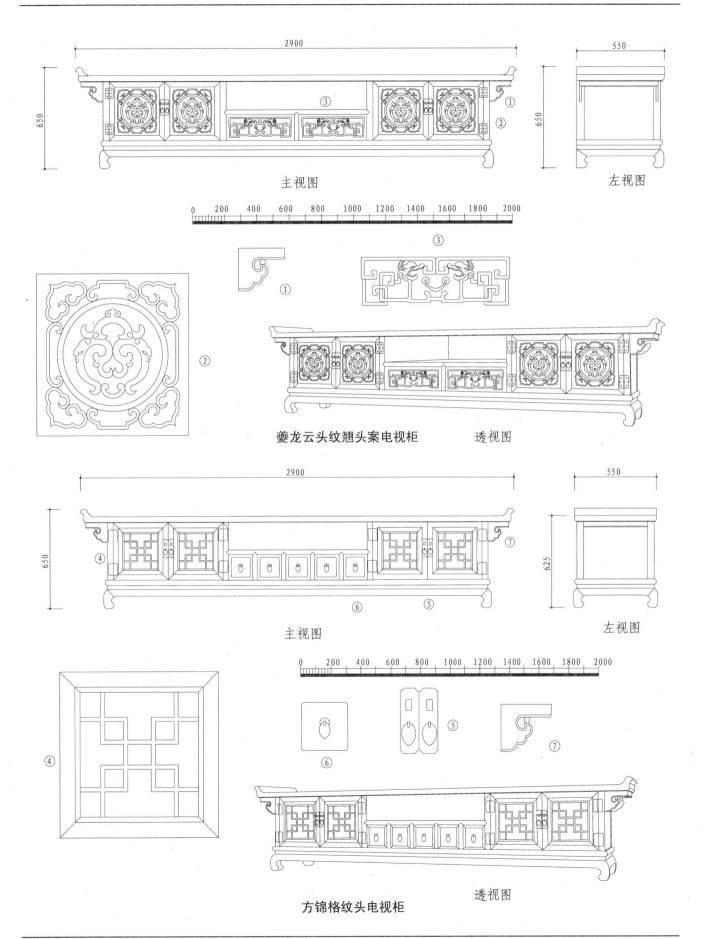

主视图

左视图

夔龙云头纹翘头案电视柜　　　透视图

主视图

左视图

方锦格纹头电视柜　　　透视图

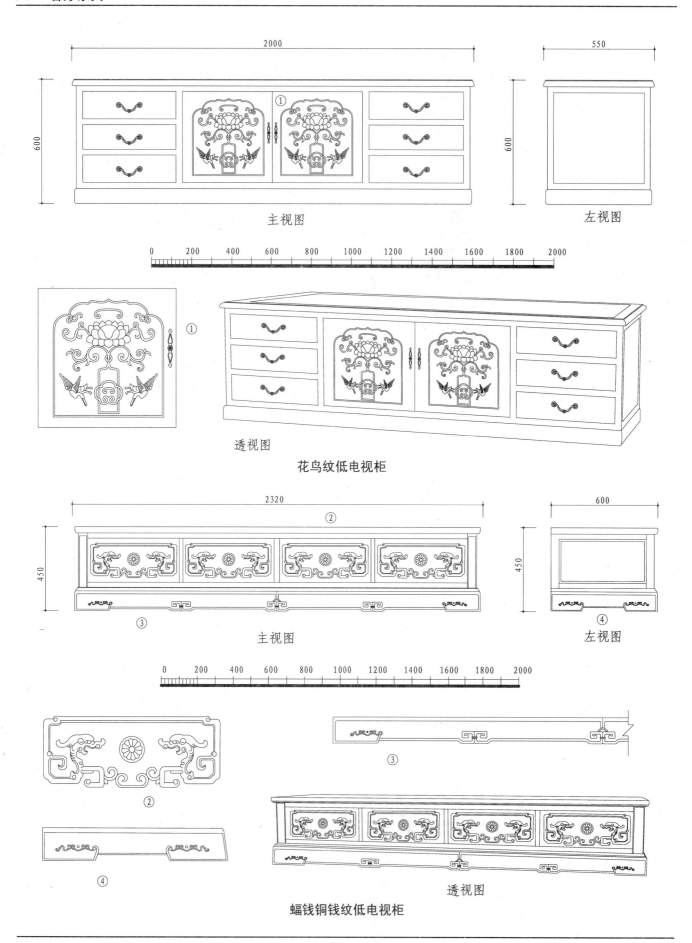

2000

550

600

600

主视图

左视图

0 200 400 600 800 1000 1200 1400 1600 1800 2000

①

透视图

花鸟纹低电视柜

2320

②

450

450

③

④

主视图

左视图

0 200 400 600 800 1000 1200 1400 1600 1800 2000

②

③

④

透视图

蝠钱铜钱纹低电视柜

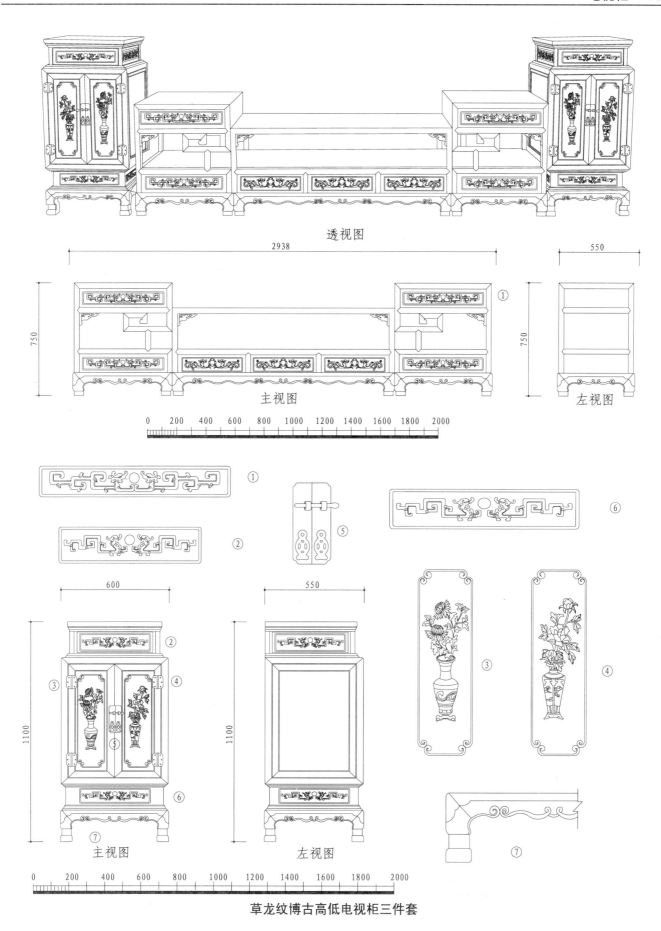

透视图

2938

550

750

750

主视图

左视图

0 200 400 600 800 1000 1200 1400 1600 1800 2000

①

②

⑤

⑥

600

550

②

④

③

④

③

⑤

⑥

⑦

1100

1100

主视图

左视图

0 200 400 600 800 1000 1200 1400 1600 1800 2000

草龙纹博古高低电视柜三件套

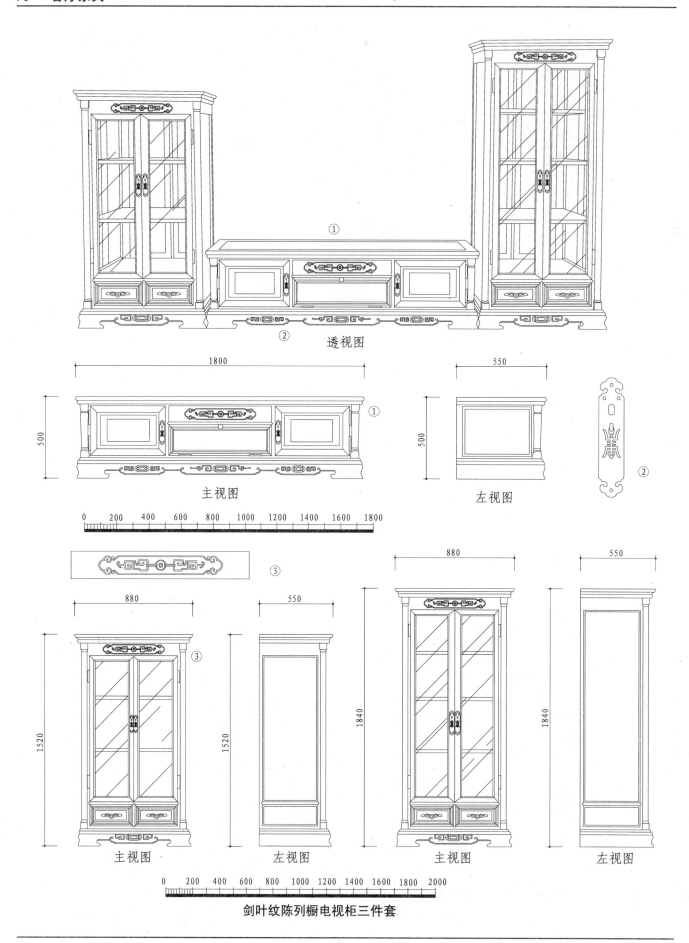

① 透视图

1800

500

① 主视图

550

500

左视图

②

0 200 400 600 800 1000 1200 1400 1600 1800

③

880

③

1520

550

1520

左视图

880

1840

① 主视图

550

1840

左视图

主视图

0 200 400 600 800 1000 1200 1400 1600 1800 2000

剑叶纹陈列橱电视柜三件套

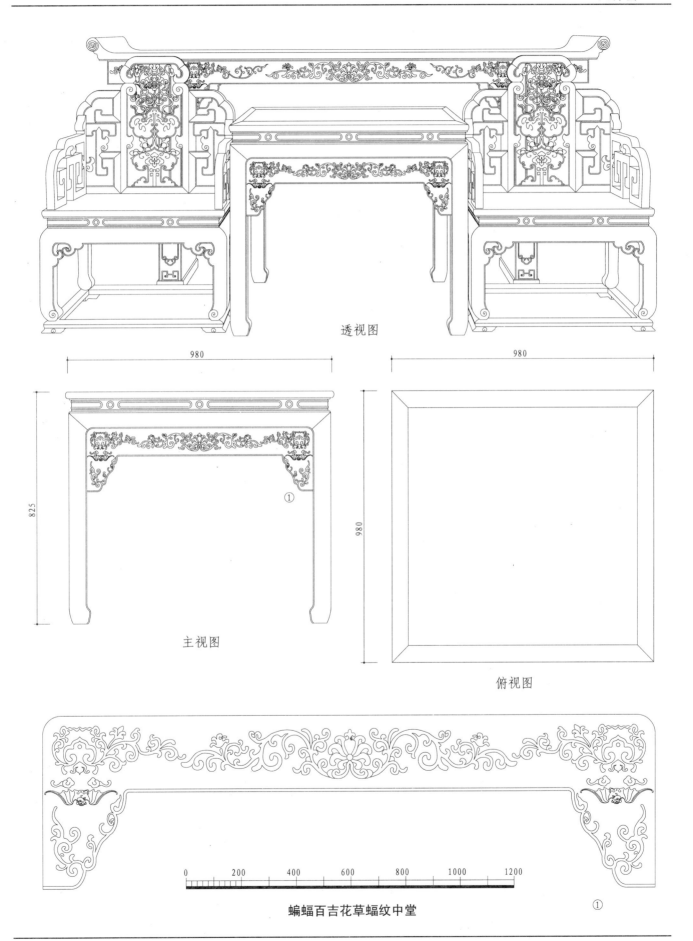

透视图

980

980

825

980

主视图

俯视图

0　　200　　400　　600　　800　　1000　　1200

蝙蝠百吉花草蝠纹中堂

①

主视图   左视图

蝙蝠百吉花草蝠纹中堂

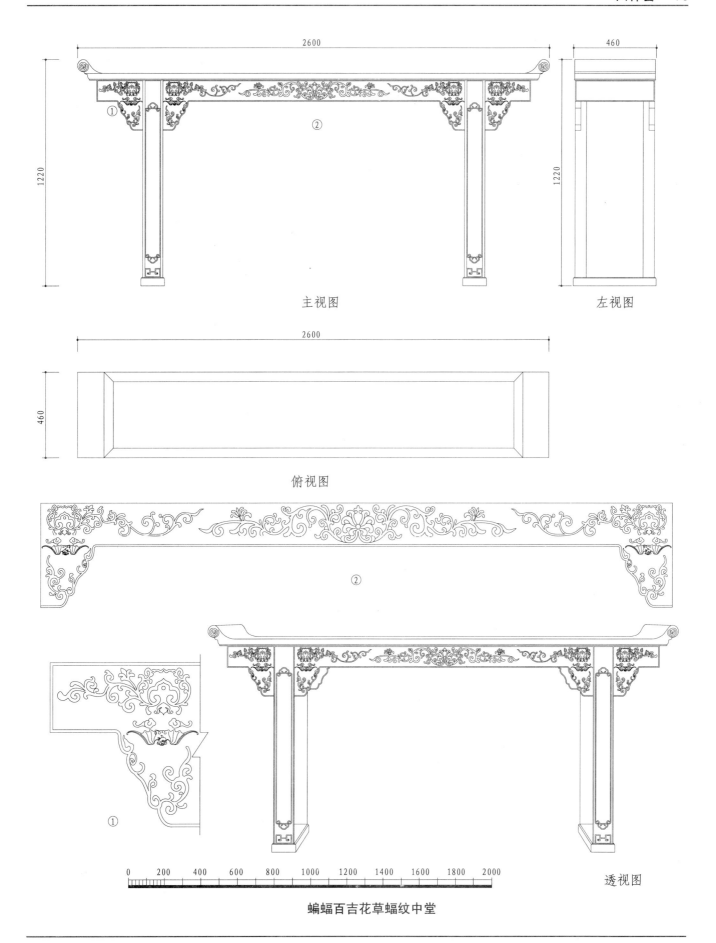

主视图

左视图

俯视图

②

①

0　200　400　600　800　1000　1200　1400　1600　1800　2000

透视图

蝙蝠百吉花草蝠纹中堂

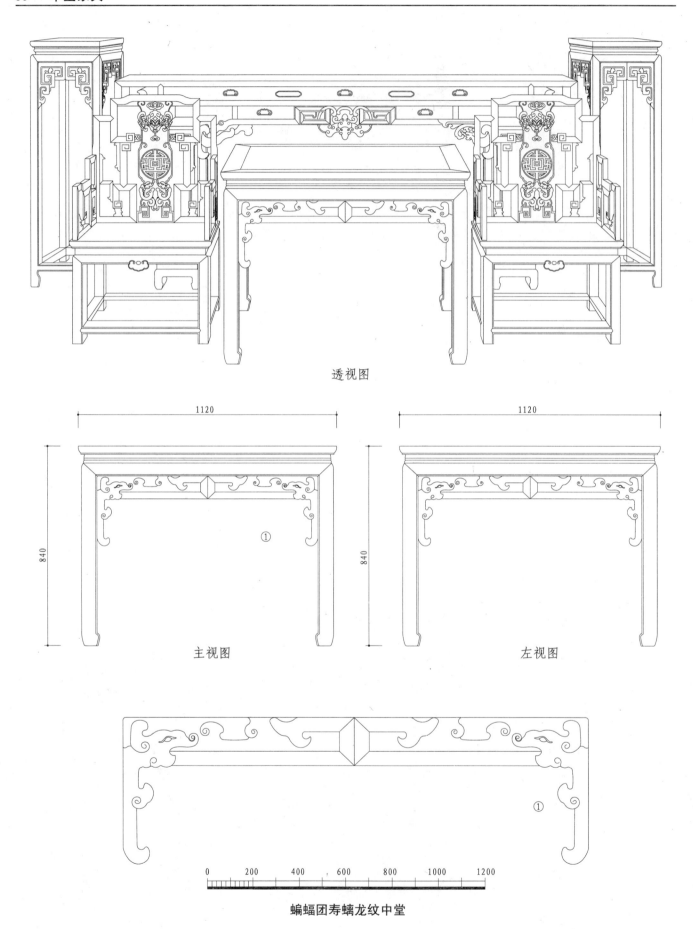

透视图

1120

840

主视图

1120

840

左视图

①

0　　200　　400　　600　　800　　1000　　1200

蝙蝠团寿螭龙纹中堂

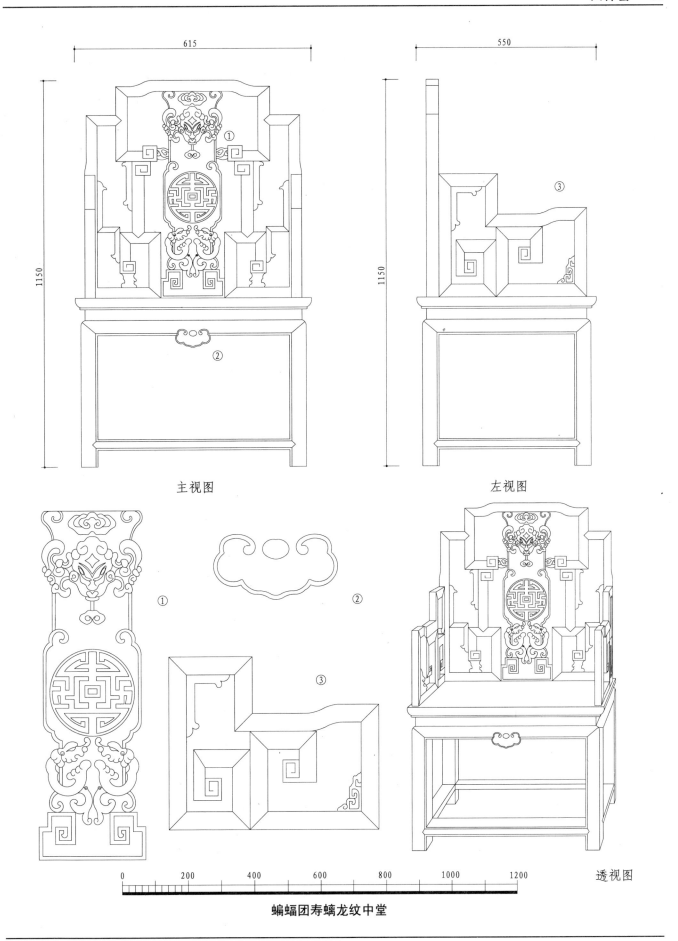

615

550

1150

1150

①

②

③

主视图

左视图

①

②

③

0　　　　200　　　　400　　　　600　　　　800　　　　1000　　　　1200

透视图

蝙蝠团寿螭龙纹中堂

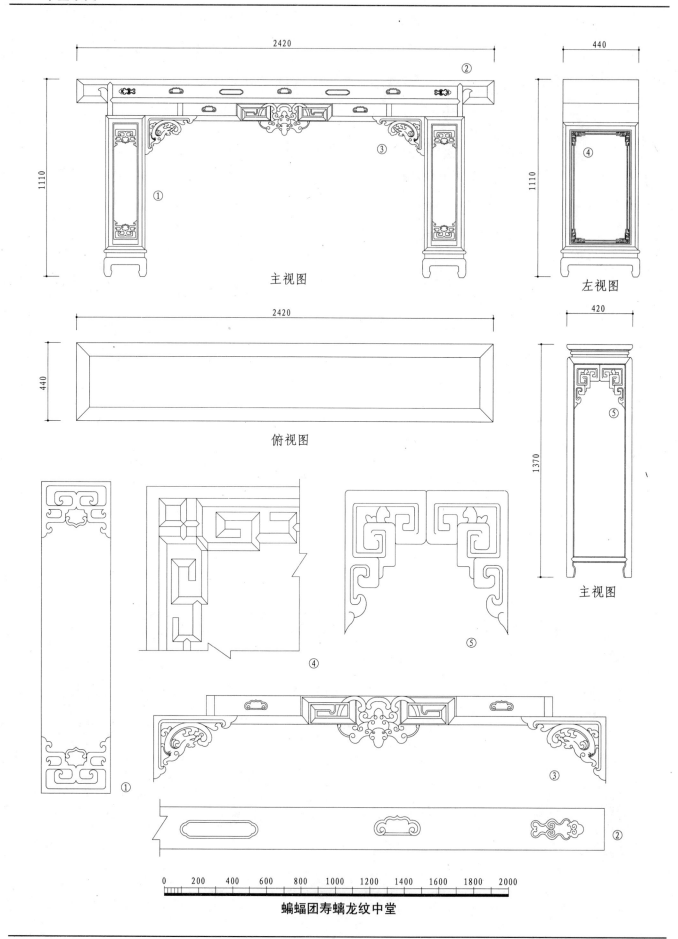

主视图

左视图

俯视图

①

④

⑤

③

②

蝙蝠团寿螭龙纹中堂

透视图

445

1300

①

②

990

890

②

③

①

③

主视图

主视图

0　　200　　400　　600　　800　　1000　　1200　　1400

灵芝蝙蝠纹中堂

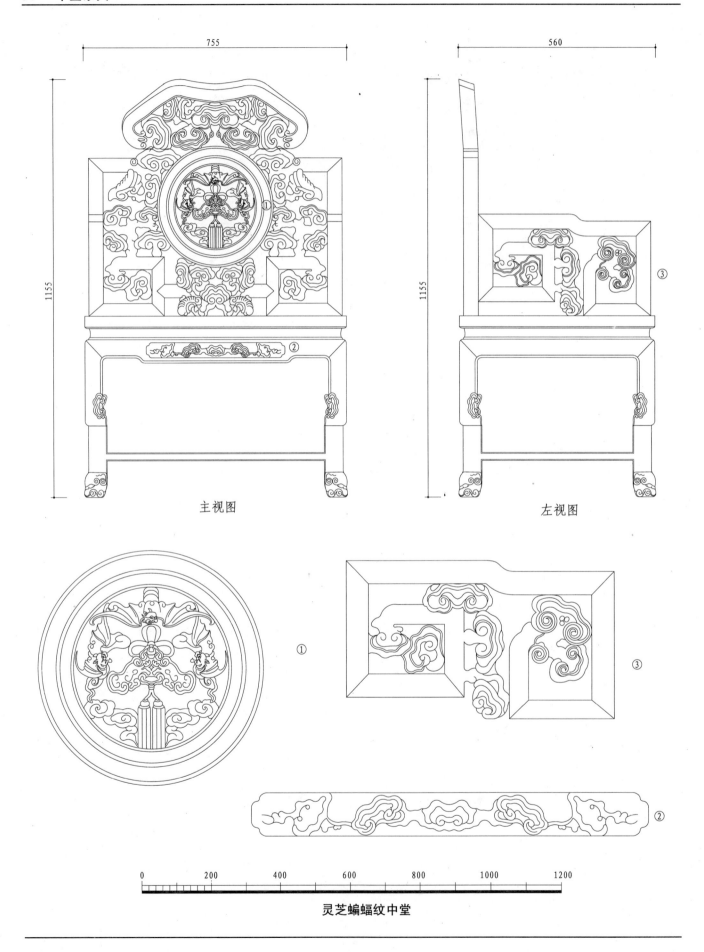

主视图

左视图

①

③

②

0   200   400   600   800   1000   1200

灵芝蝙蝠纹中堂

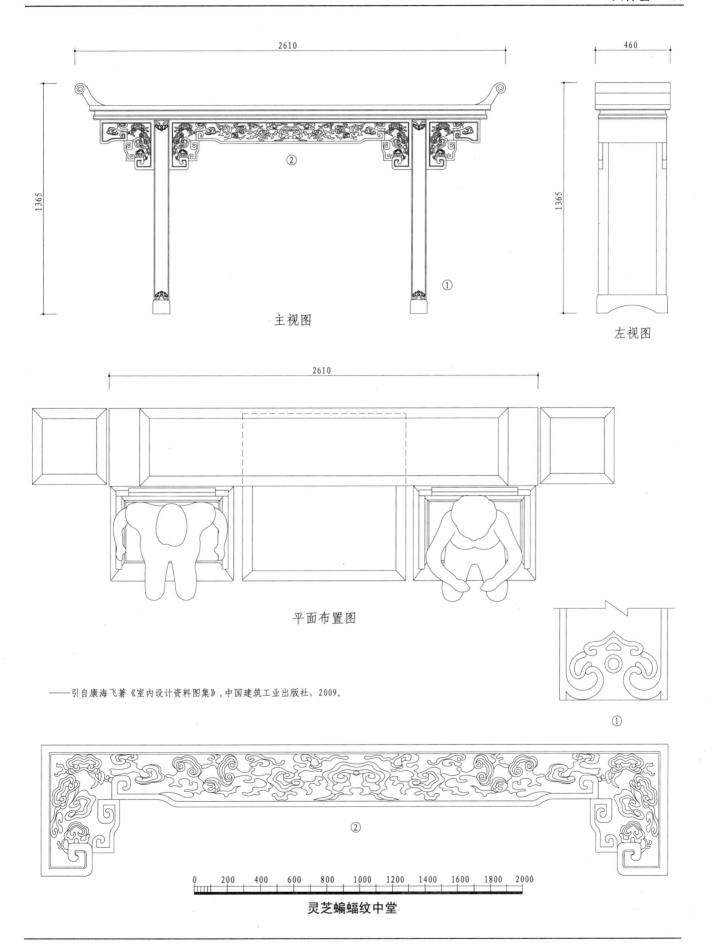

主视图

左视图

平面布置图

——引自康海飞著《室内设计资料图集》，中国建筑工业出版社，2009。

①

②

| 0 | 200 | 400 | 600 | 800 | 1000 | 1200 | 1400 | 1600 | 1800 | 2000 |

灵芝蝙蝠纹中堂

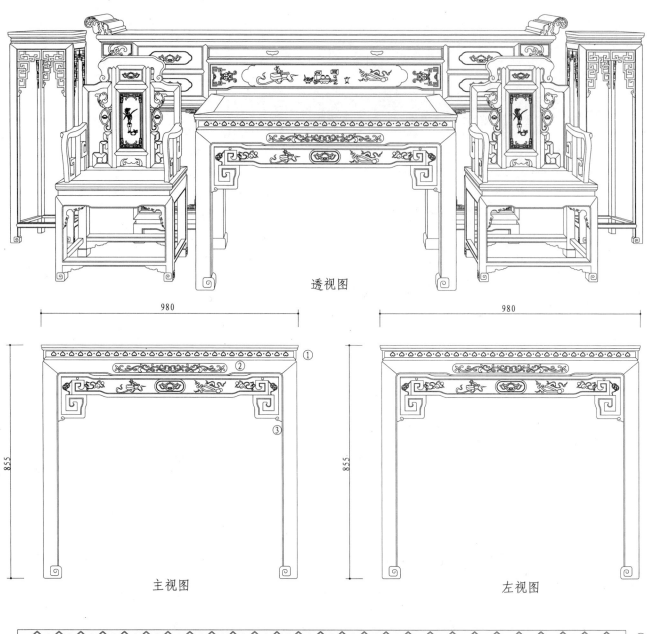

透视图

980

855

主视图

980

855

左视图

①

②

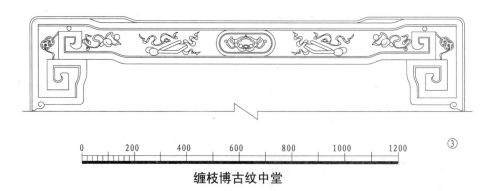

③

0　　200　　400　　600　　800　　1000　　1200

缠枝博古纹中堂

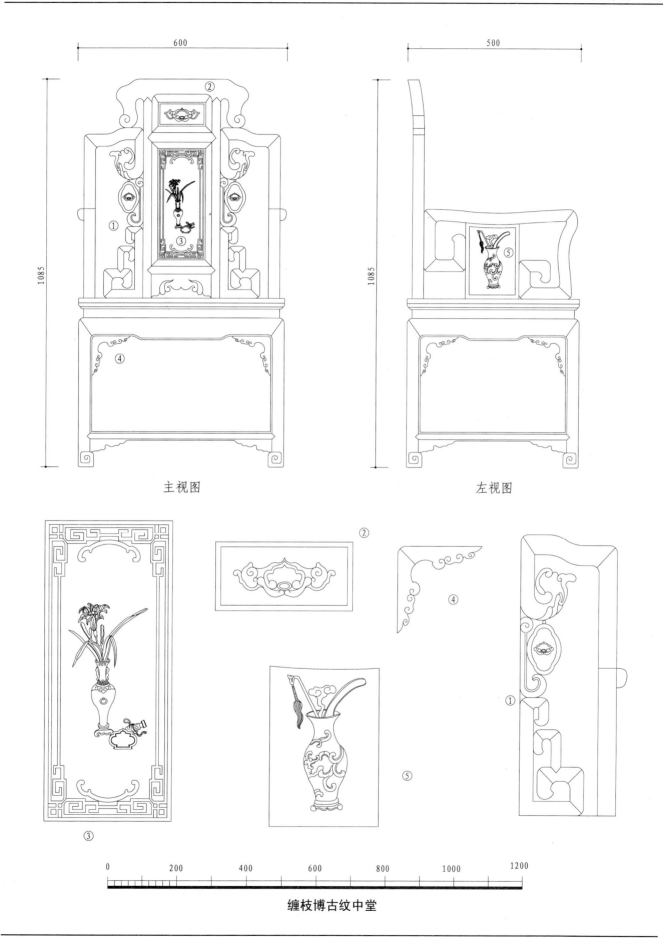

主视图

左视图

缠枝博古纹中堂

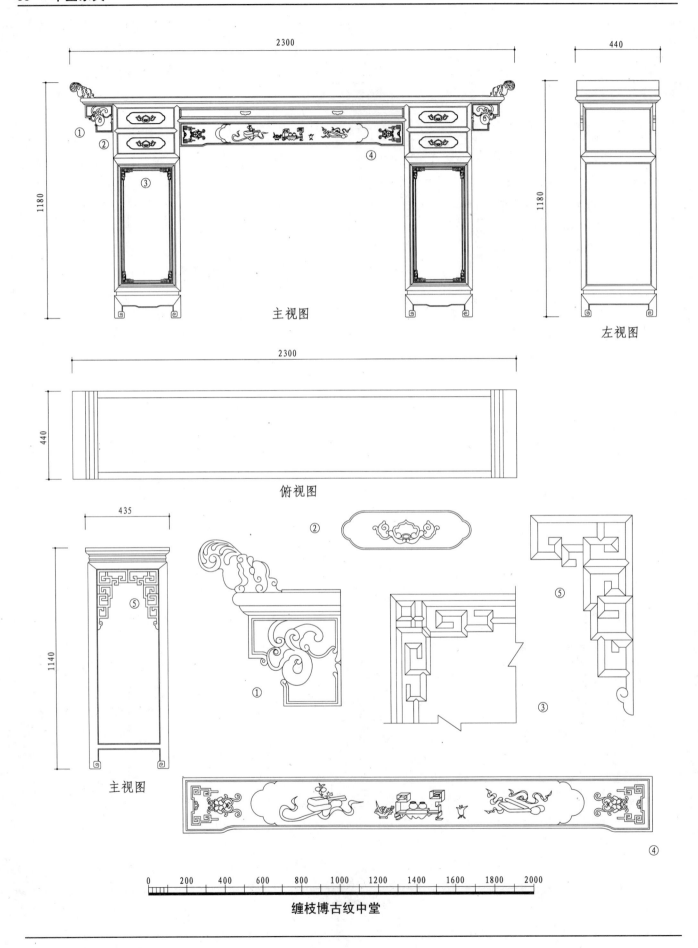

主视图

左视图

俯视图

主视图

缠枝博古纹中堂

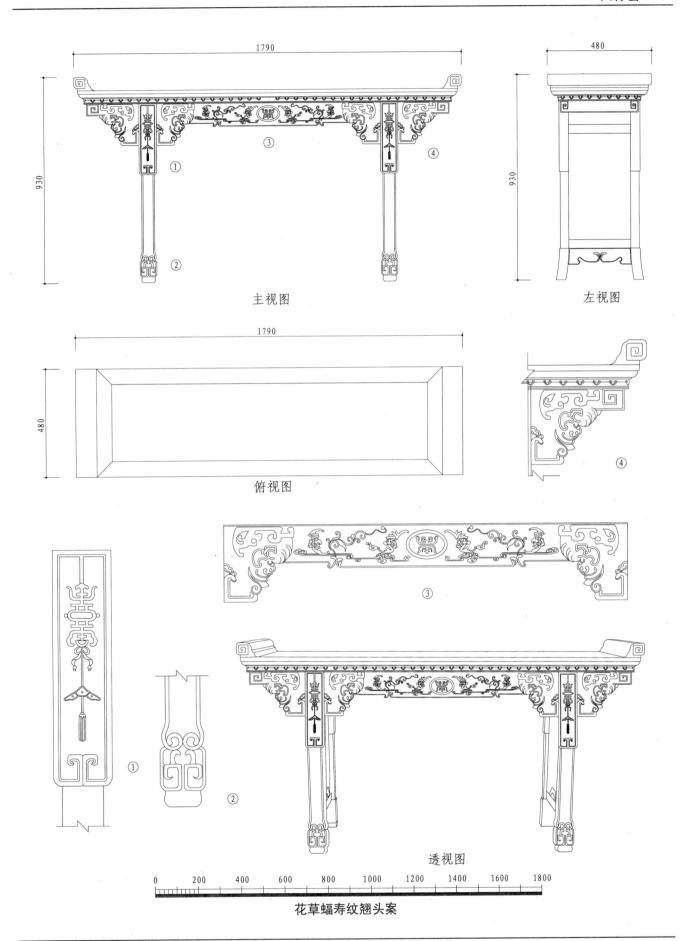

主视图

左视图

俯视图

透视图

花草蝠寿纹翘头案

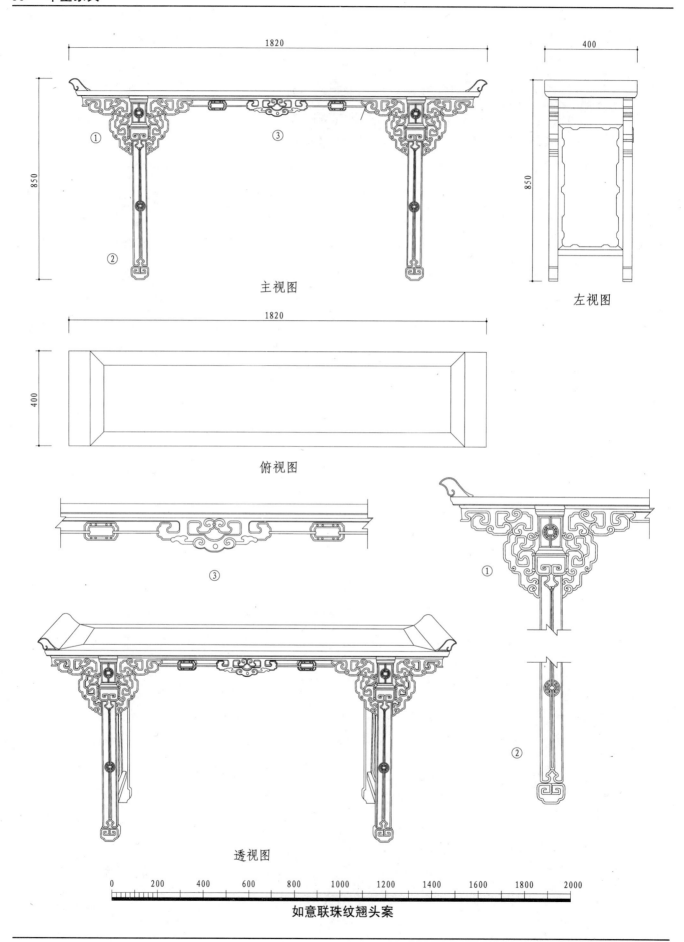

1820

850

① ③ ②

主视图

400

850

左视图

1820

400

俯视图

③

①

②

透视图

0 200 400 600 800 1000 1200 1400 1600 1800 2000

如意联珠纹翘头案

1380

900

420

900

主视图

左视图

①

③

②

④

透视图

0　　200　　400　　600　　800　　1000　　1200　　1400

夔龙云纹平头案

1850

860

① ② ③

主视图

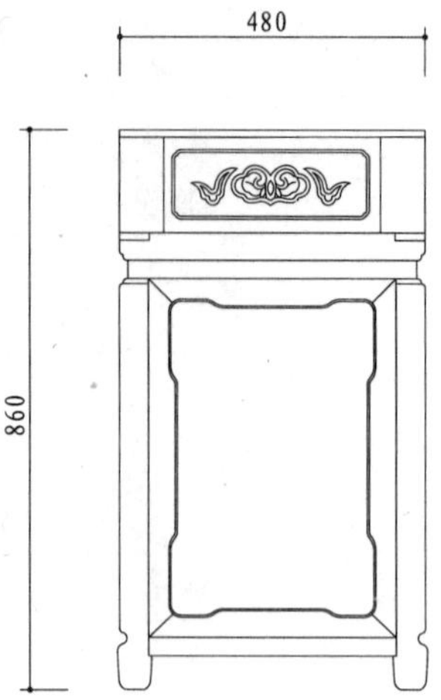

480

860

左视图

1850

480

俯视图

②

③

①

透视图

0 200 400 600 800 1000 1200 1400 1600 1800 2000

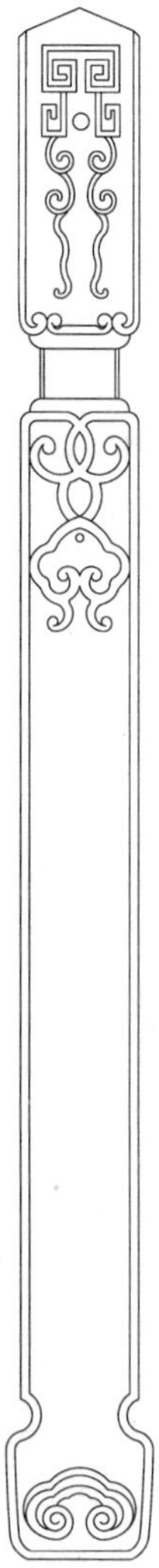

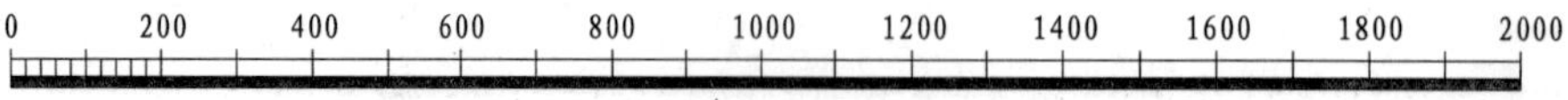

灵芝百吉纹卷头案

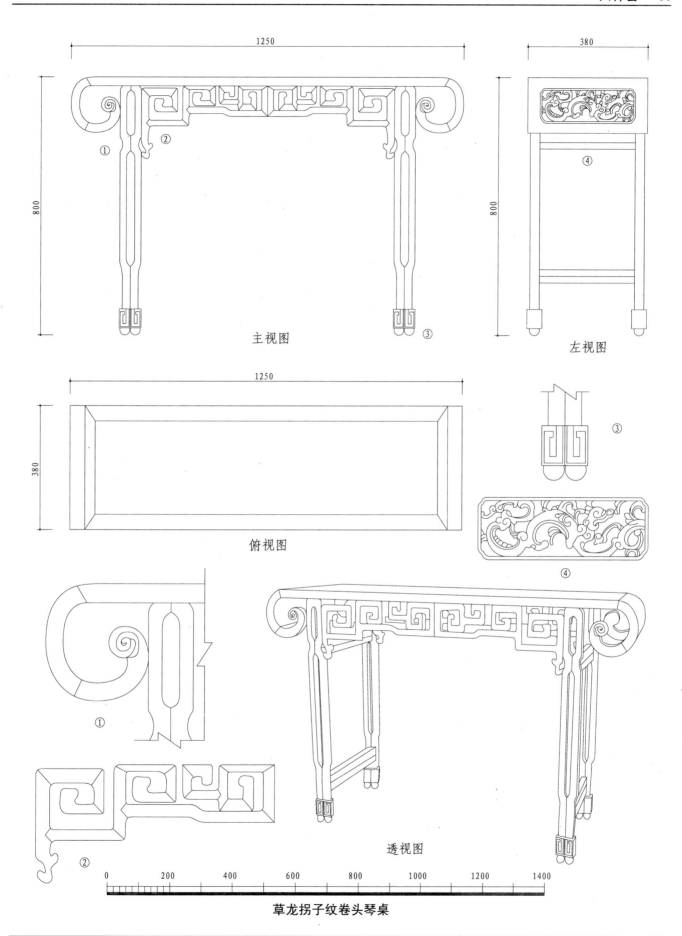

主视图

左视图

俯视图

透视图

草龙拐子纹卷头琴桌

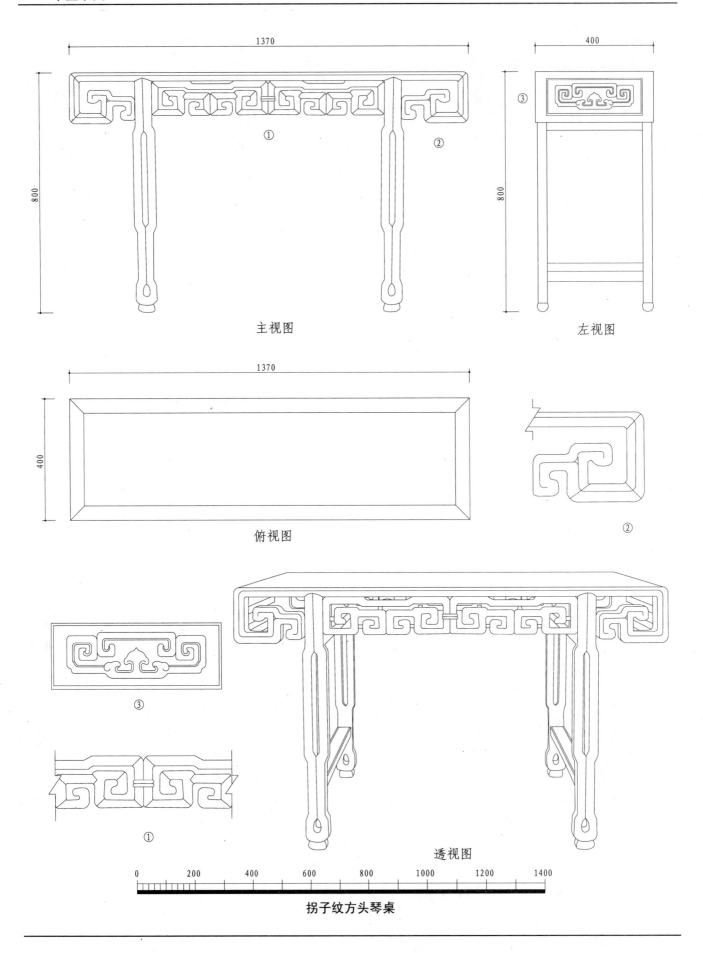

主视图

左视图

俯视图

③

②

①

透视图

拐子纹方头琴桌

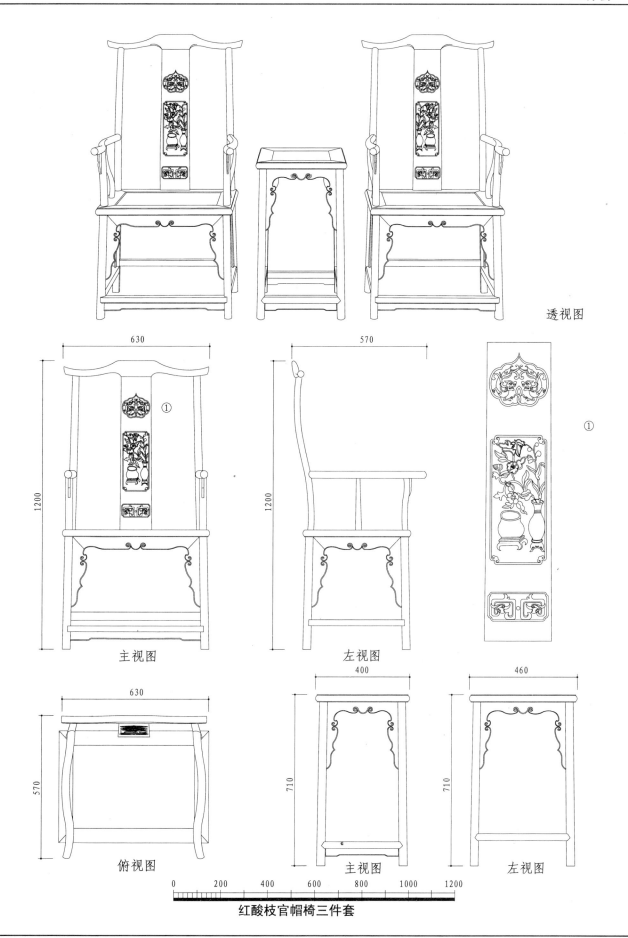

透视图

630

1200

①

主视图

570

1200

左视图

①

630

570

俯视图

400

710

主视图

460

710

左视图

0　　200　　400　　600　　800　　1000　　1200

红酸枝官帽椅三件套

透视图

590

590

705

705

主视图

左视图

① ② ③

590

590

①

②

③

俯视图

0   200   400   600   800   1000   1200

扇贝壳卷草纹扶手椅子与茶几

740

520

1160

1160

① ③

②

④

⑤

⑥

主视图

左视图

① ②

③

⑤

⑥

④

0　　　　200　　　　400　　　　600　　　　800　　　　1000　　　　1200

扇贝壳卷草纹扶手椅子与茶几

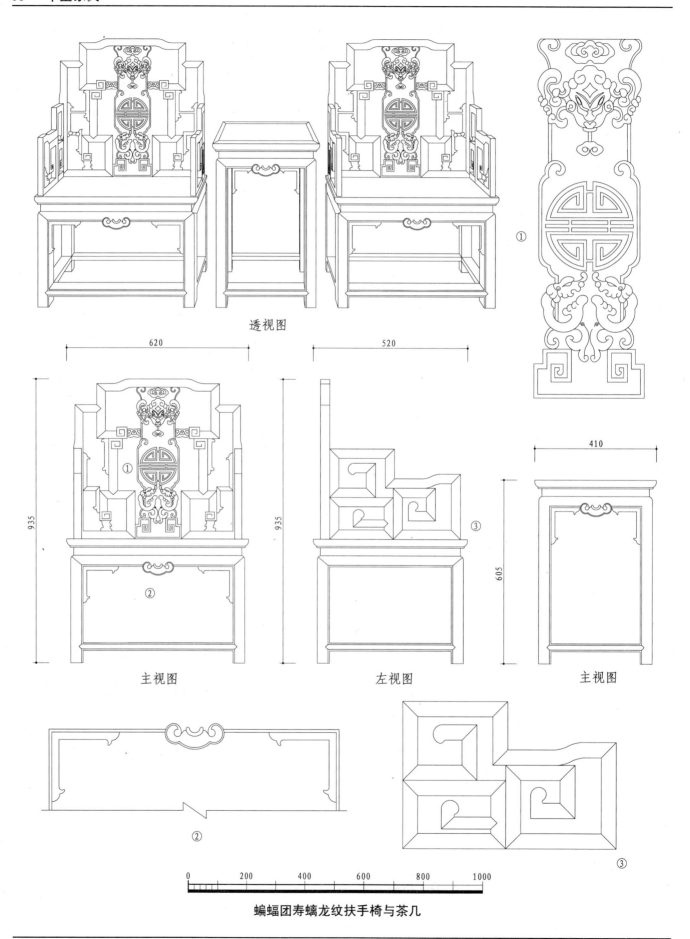

透视图

620

935

① ②

主视图

520

935

③

左视图

410

605

主视图

②

③

0   200   400   600   800   1000

蝙蝠团寿螭龙纹扶手椅与茶几

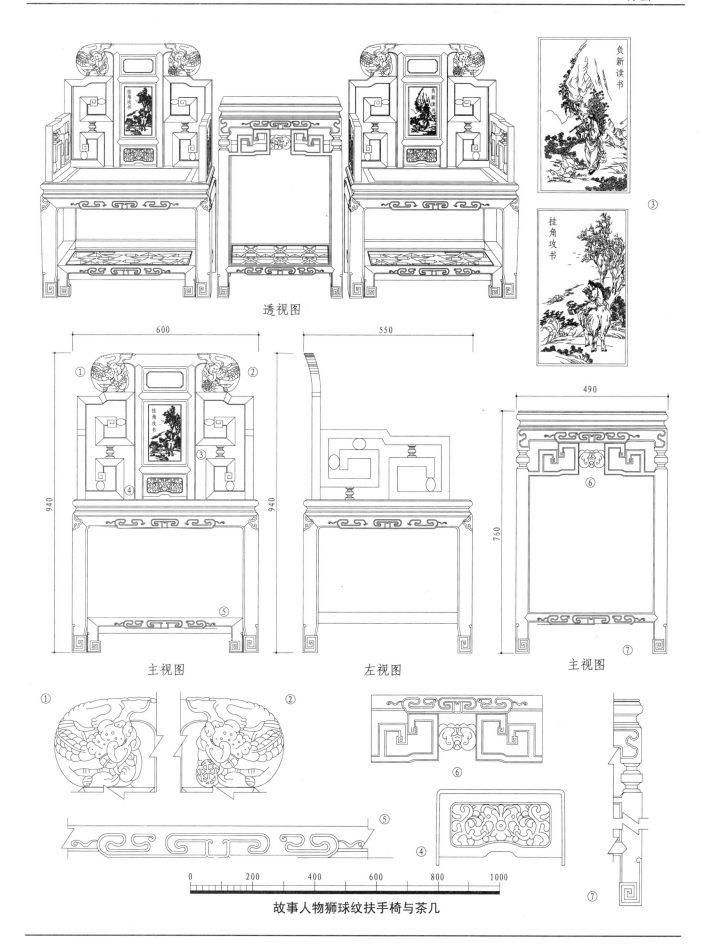

透视图

600

550

490

940

940

750

① ②

③

④

⑤

⑥

⑦

主视图　　　　　　　　左视图　　　　　　　　主视图

负新读书

挂角攻书

③

① ②

⑤

⑥

④

⑦

0　　200　　400　　600　　800　　1000

故事人物狮球纹扶手椅与茶几

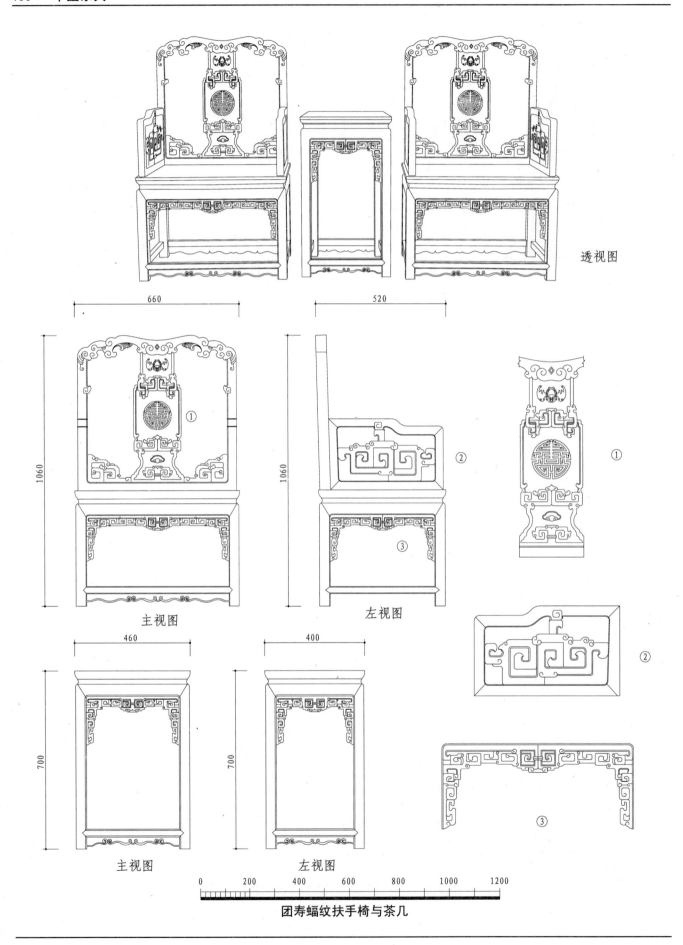

透视图

660

520

1060

主视图

1060

左视图

②

①

③

460

400

700

700

②

①

主视图

左视图

③

0　　200　　400　　600　　800　　1000　　1200

团寿蝠纹扶手椅与茶几

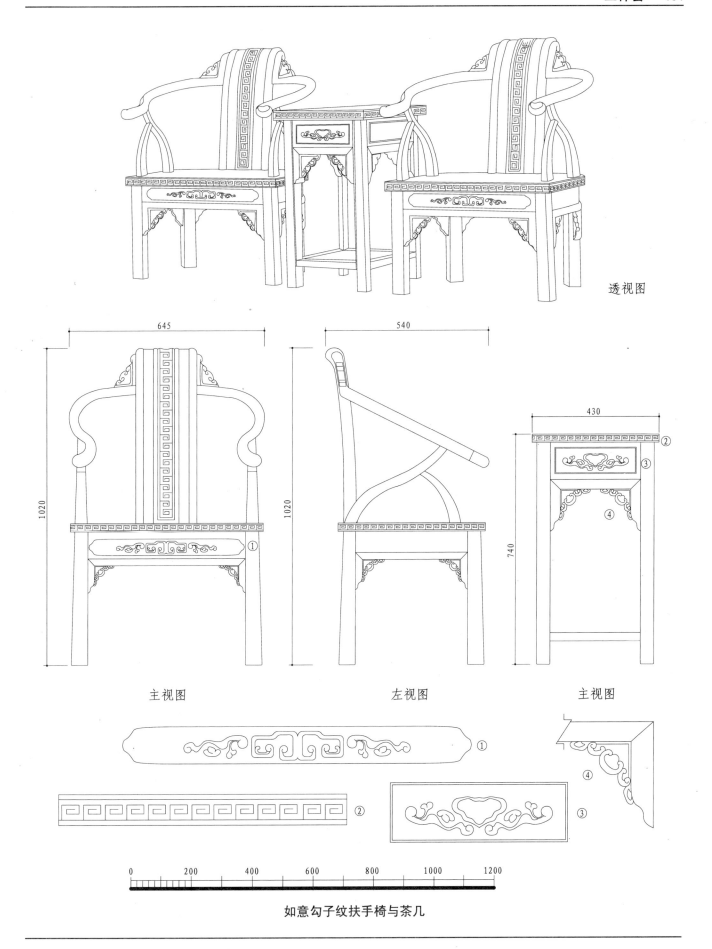

透视图

645

540

430

1020

1020

740

① ② ③ ④

主视图　　　　　　　左视图　　　　　　　主视图

①

②

③

④

0　200　400　600　800　1000　1200

如意勾子纹扶手椅与茶几

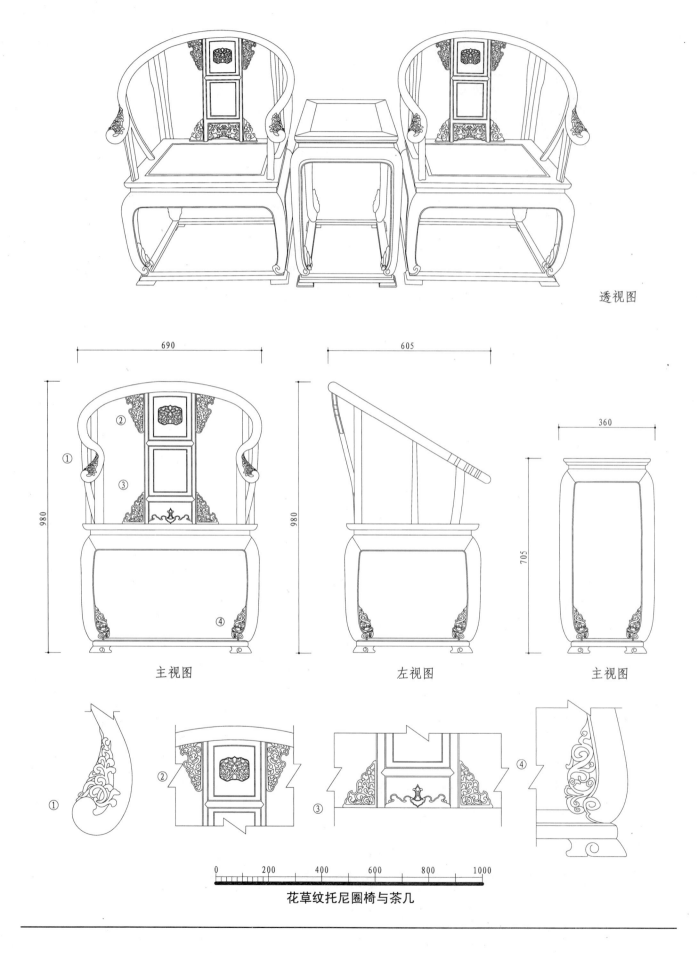

透视图

690

605

360

980

980

705

① ② ③ ④

主视图　　　　　　　左视图　　　　　　　主视图

① ② ③ ④

0　　200　　400　　600　　800　　1000

花草纹托尼圈椅与茶几

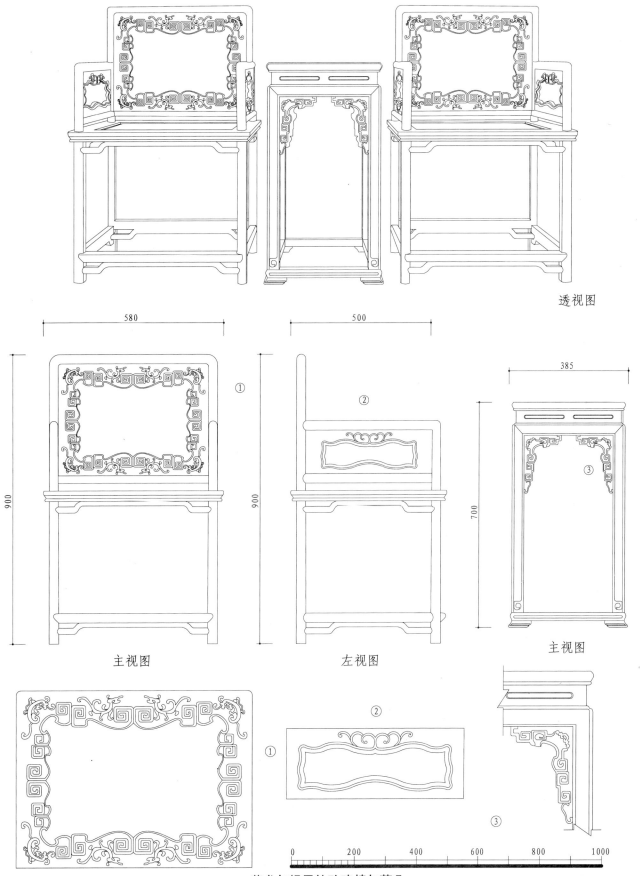

透视图

580

500

385

① ② ③

900 900 700

主视图 左视图 主视图

① ② ③

0　　　200　　　400　　　600　　　800　　　1000

草龙与拐子纹玫瑰椅与茶几

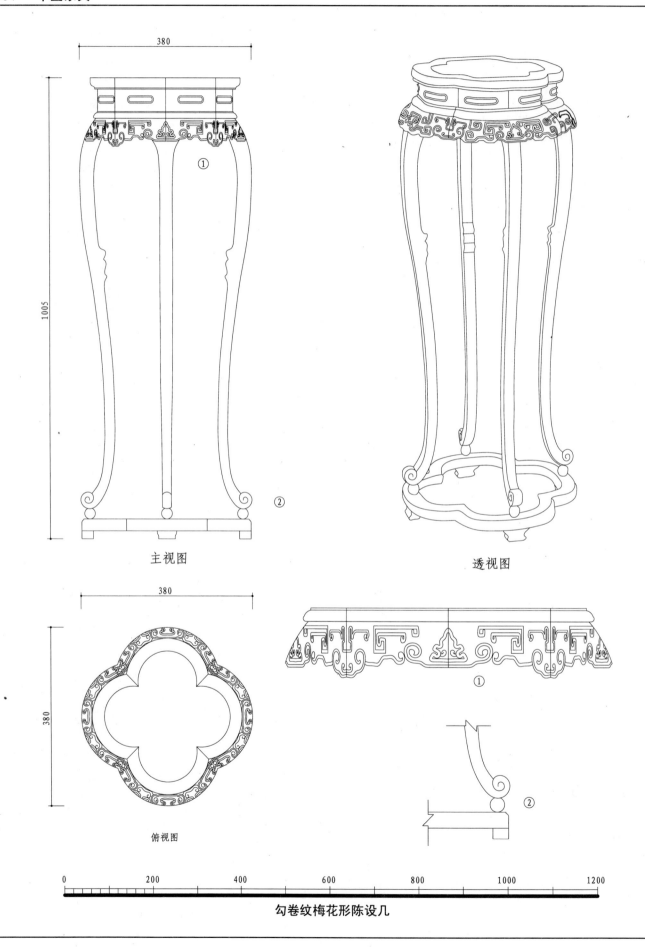

380

1005

①

②

主视图

380

380

俯视图

透视图

①

②

0　　　　200　　　　400　　　　600　　　　800　　　　1000　　　1200

勾卷纹梅花形陈设几

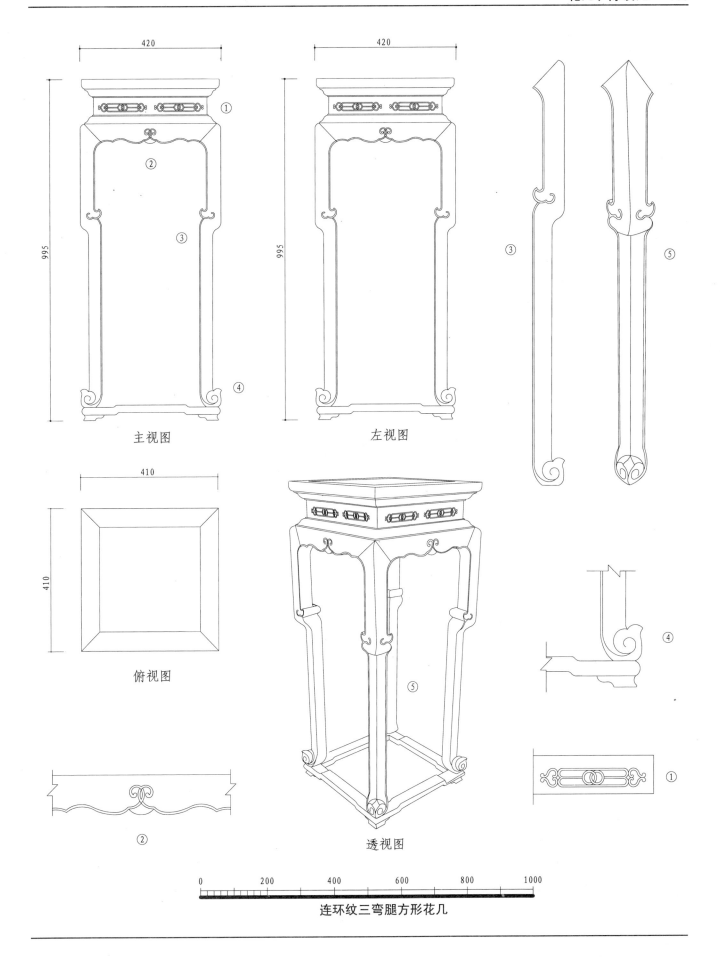

420

995

① ② ③ ④

主视图

420

995

③

左视图

⑤

410

410

俯视图

透视图

④

②

①

0　　200　　400　　600　　800　　1000

连环纹三弯腿方形花几

320

930

①

②

主视图

320

930

左视图

透视图

320

320

俯视图

②

①

0　　　200　　　400　　　600　　　800　　　1000

花草勾子纹方形花几

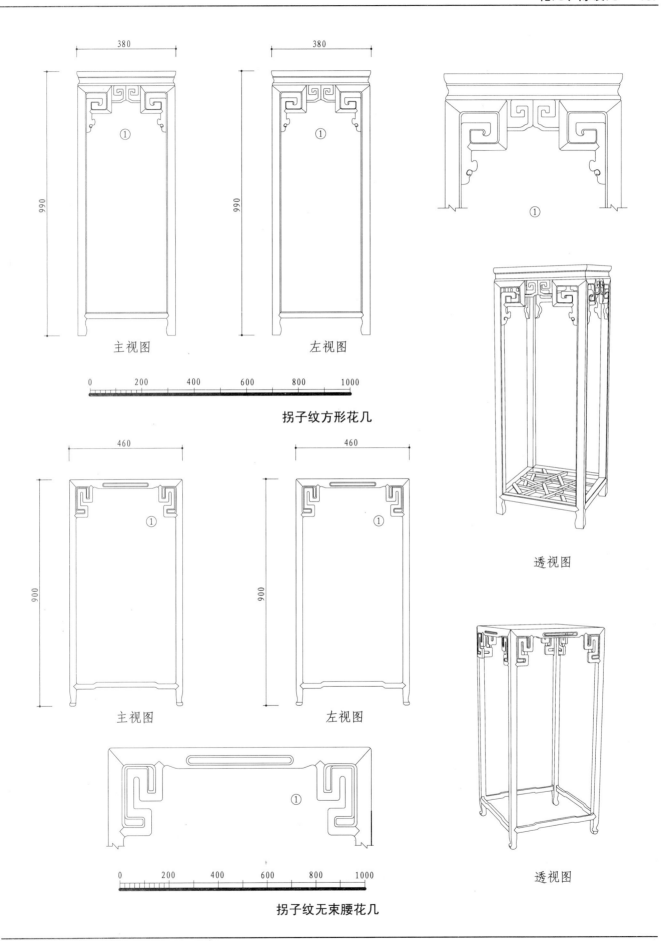

380

990

主视图

990

380

左视图

①

0　　　200　　　400　　　600　　　800　　　1000

拐子纹方形花几

460

900

主视图

460

900

左视图

①

透视图

主视图

左视图

①

0　　　200　　　400　　　600　　　800　　　1000

拐子纹无束腰花几

透视图

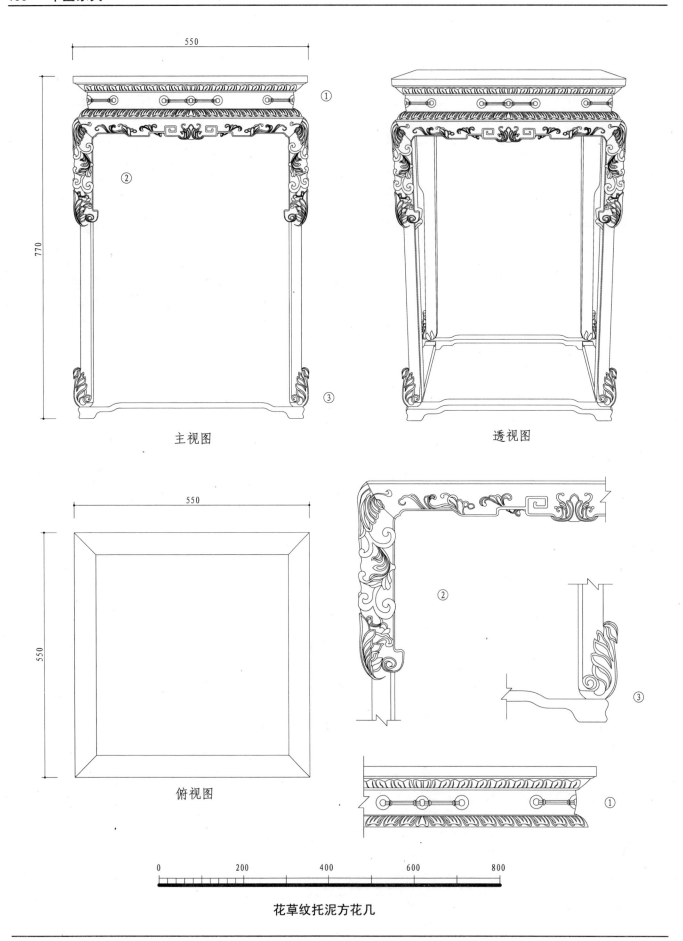

550

770

①

②

③

主视图

透视图

550

550

俯视图

②

③

①

0   200   400   600   800

花草纹托泥方花几

450

680

① ③

主视图

400

400

踏脚俯视图

②

③

450

450

俯视图

①

②

透视图

0　　　200　　　400　　　600　　　800

缠枝灵芝纹二弯腿方茶几

主视图

①

透视图

| 0 | 200 | 400 | 600 | 800 | 1000 | 1200 | 1400 | 1600 |

海鲜蔬果纹圆餐桌

②

1800

俯视图

0　　200　　400　　600　　800　　1000　　1200　　1400　　1600　　1800

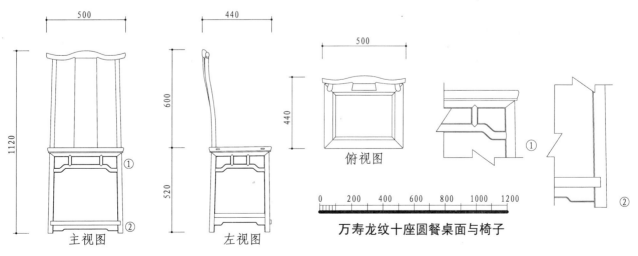

500

440

1120

600

520

440

500

①

②

①

②

主视图　　　　　　左视图　　　　　　俯视图

0　　200　　400　　600　　800　　1000　　1200

万寿龙纹十座圆餐桌面与椅子

十座圆餐桌面海鲜蔬果纹

俯视图

福禄寿喜纹十二座圆餐桌面

十二座圆餐桌面海鲜蔬果纹

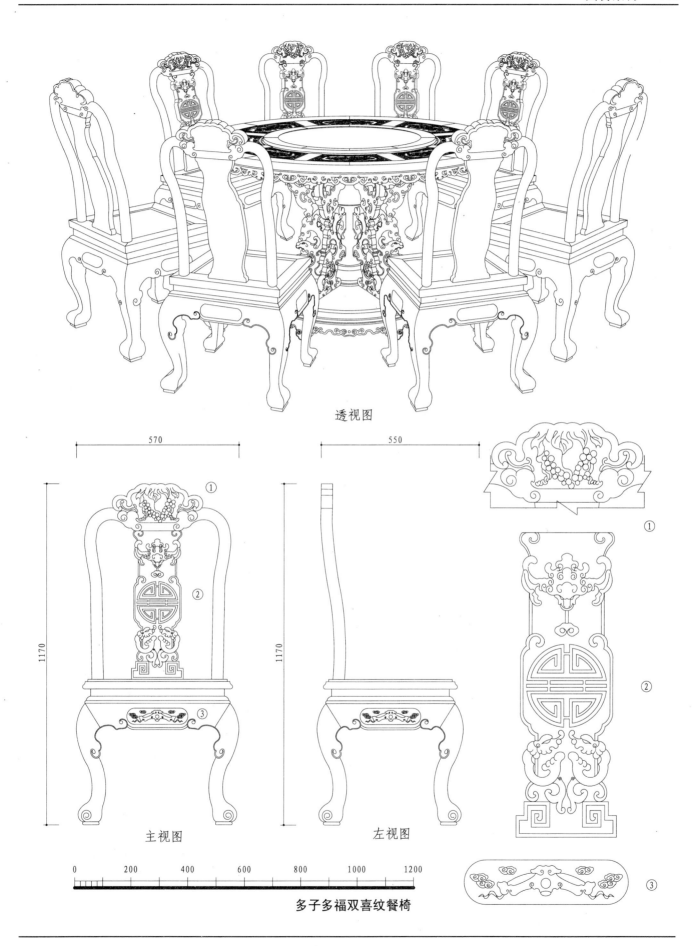

透视图

570　　　　　　550

1170　　　　　　1170

①
②
③

主视图　　　　　左视图

①
②
③

0　　200　　400　　600　　800　　1000　　1200

多子多福双喜纹餐椅

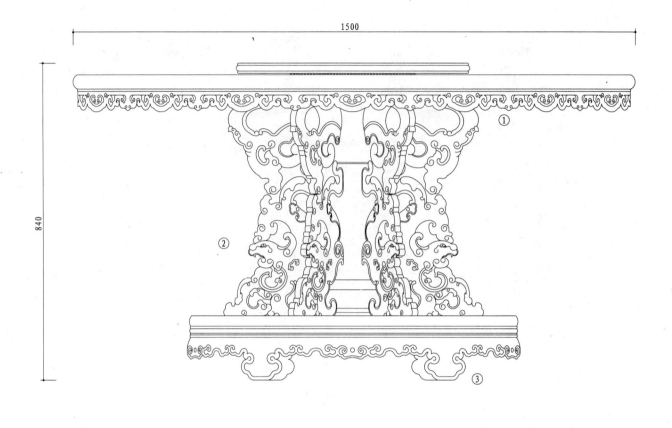

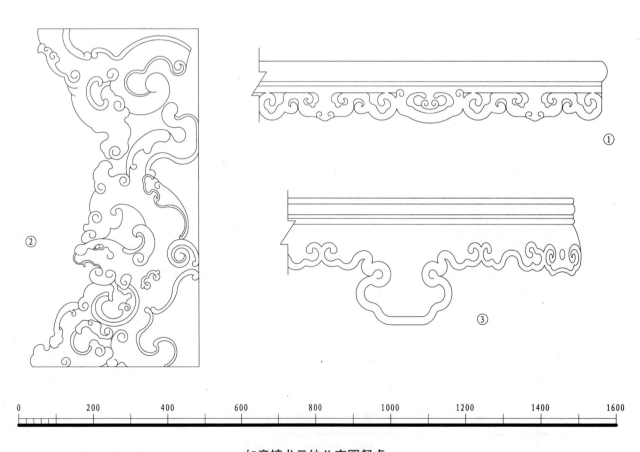

如意螭龙云纹八座圆餐桌

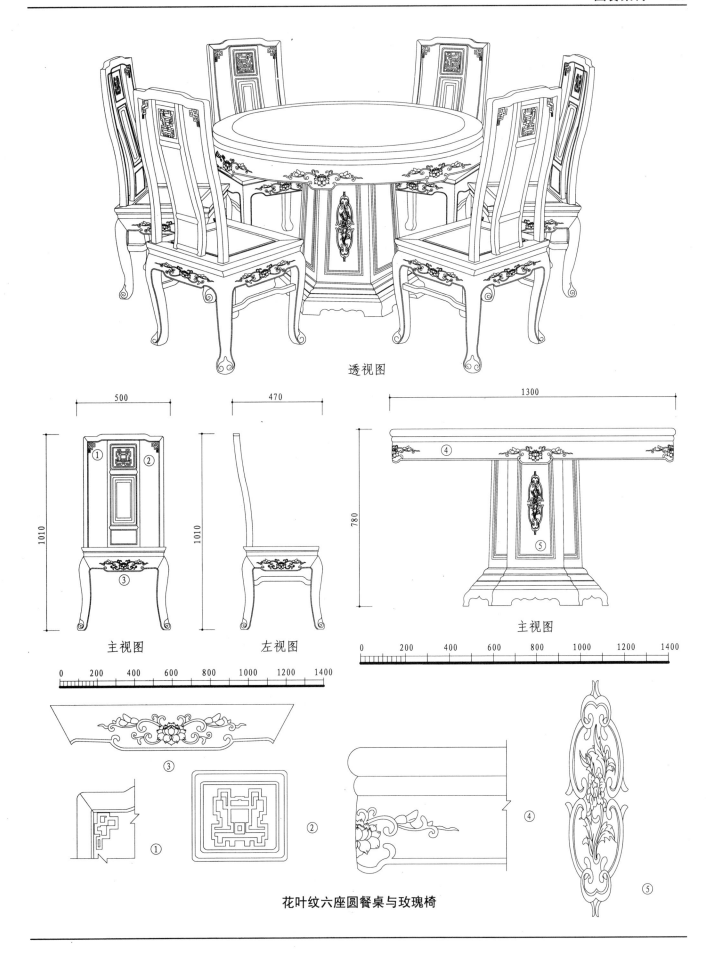

透视图

500

470

1300

1010

1010

780

主视图　　　左视图

主视图

0　200　400　600　800　1000　1200　1400

0　200　400　600　800　1000　1200　1400

①　②　③　④　⑤

花叶纹六座圆餐桌与玫瑰椅

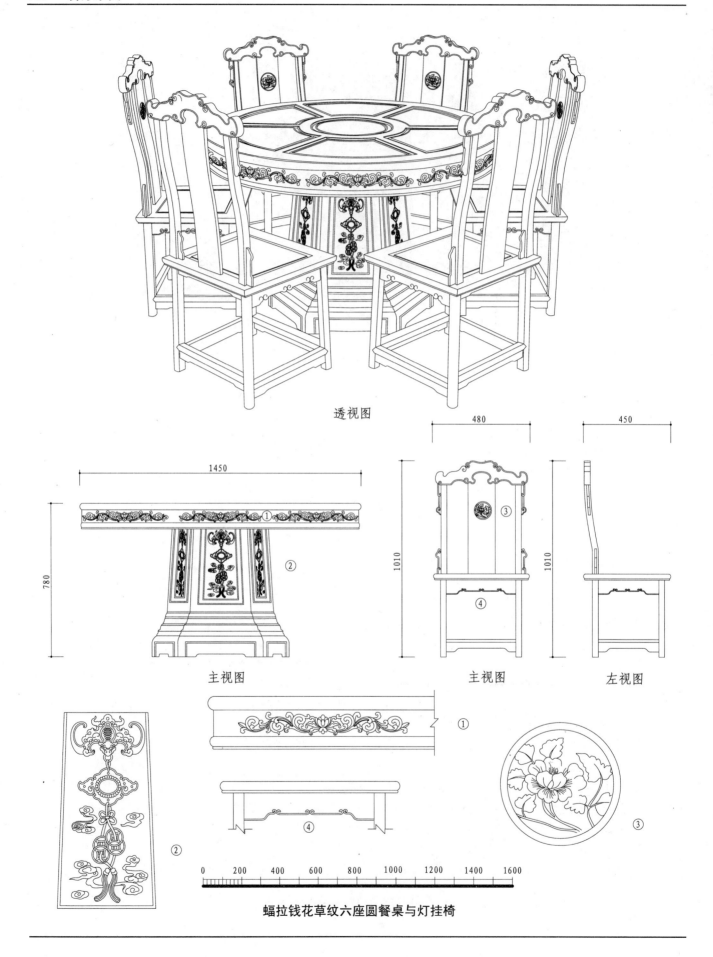

透视图

1450

780

①

②

主视图

480

450

1010

③

1010

④

主视图　　　　　左视图

①

②

④

③

0　200　400　600　800　1000　1200　1400　1600

蝠拉钱花草纹六座圆餐桌与灯挂椅

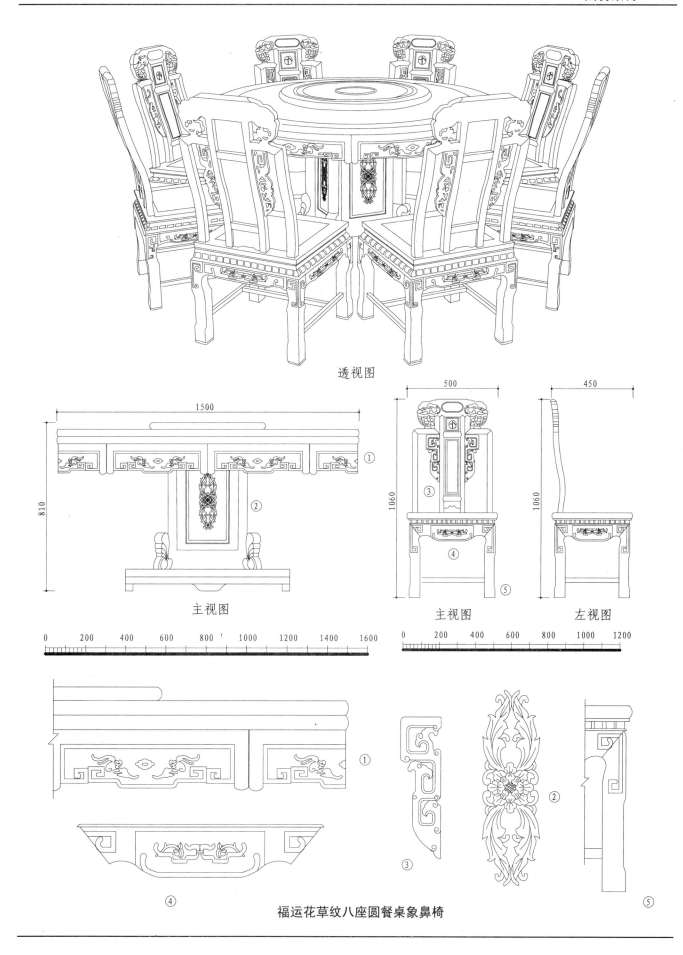

透视图

1500

810

① ②

主视图

0　200　400　600　800　1000　1200　1400　1600

500

450

1060

1060

③ ④ ⑤

主视图　　　　左视图

0　200　400　600　800　1000　1200

① ② ③ ④ ⑤

福运花草纹八座圆餐桌象鼻椅

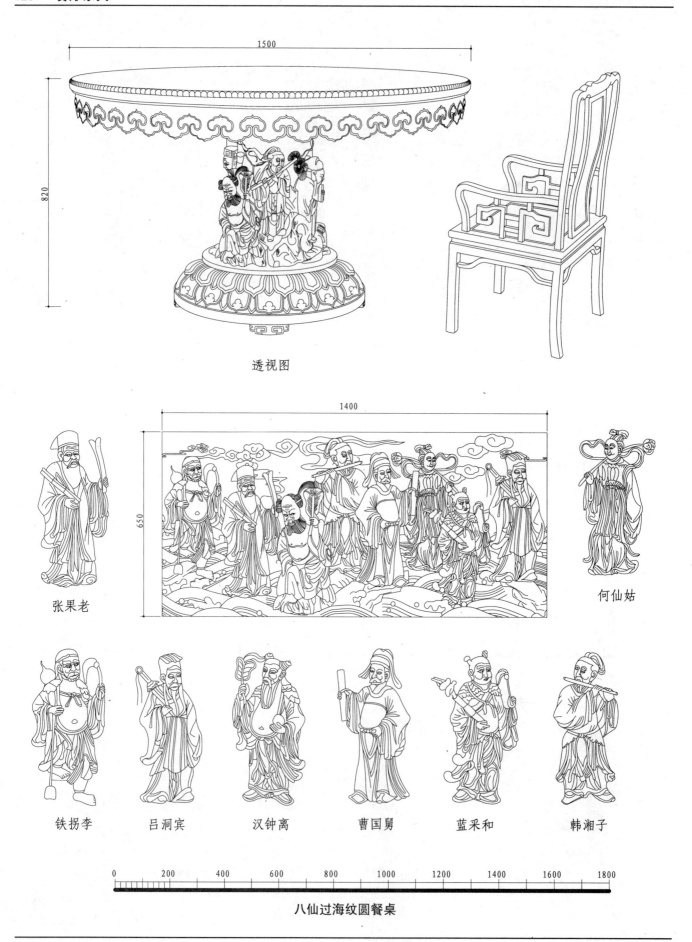

透视图

张果老

何仙姑

铁拐李   吕洞宾   汉钟离   曹国舅   蓝采和   韩湘子

八仙过海纹圆餐桌

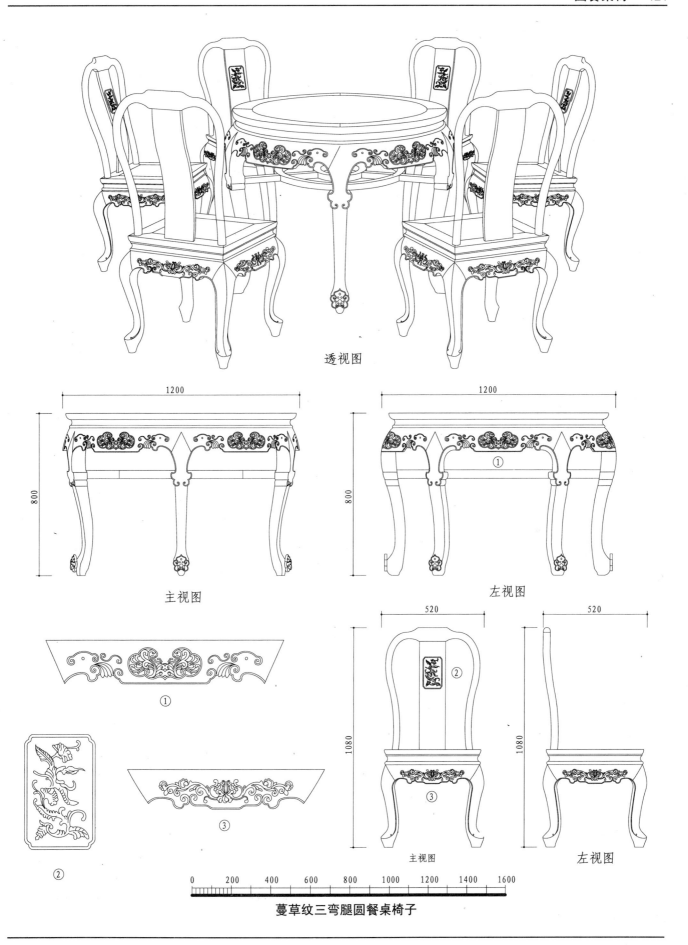

透视图

1200

800

主视图

1200

800

① 左视图

①

②

③

520

② 1080

③ 主视图

520

1080

左视图

0 200 400 600 800 1000 1200 1400 1600

蔓草纹三弯腿圆餐桌椅子

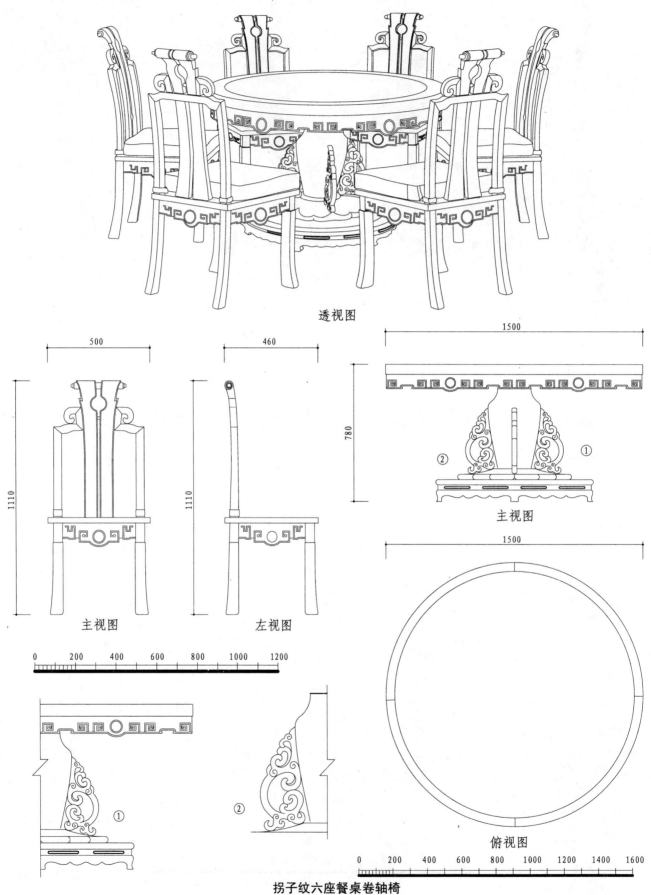

透视图

500

460

1110

1110

主视图

左视图

0   200   400   600   800   1000   1200

1500

780

②   ①

主视图

1500

①

②

俯视图

0   200   400   600   800   1000   1200   1400   1600

拐子纹六座餐桌卷轴椅

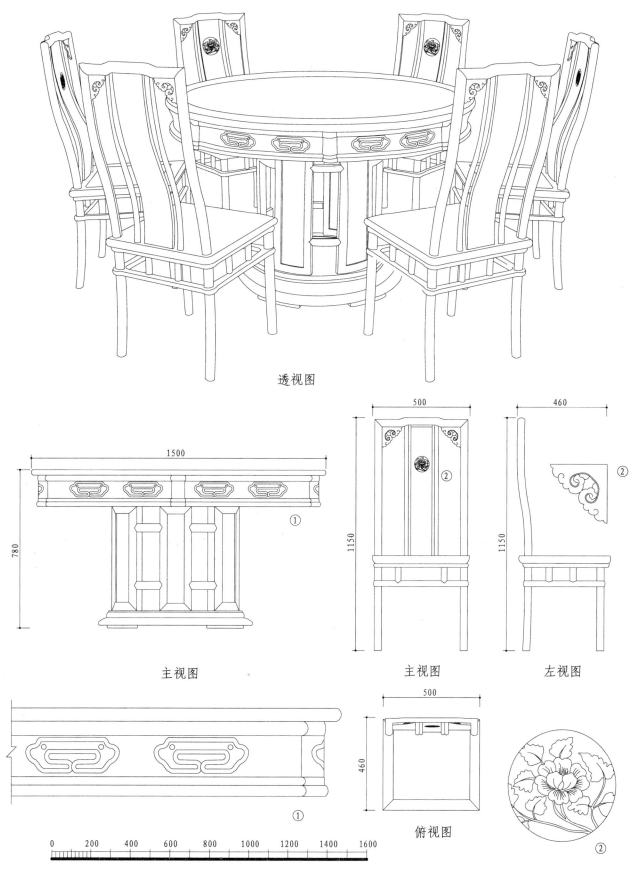

透视图

1500

780

主视图

500

1150

主视图

460

1150

左视图

500

460

俯视图

0　200　400　600　800　1000　1200　1400　1600

牡丹云纹六座圆餐桌与官帽椅

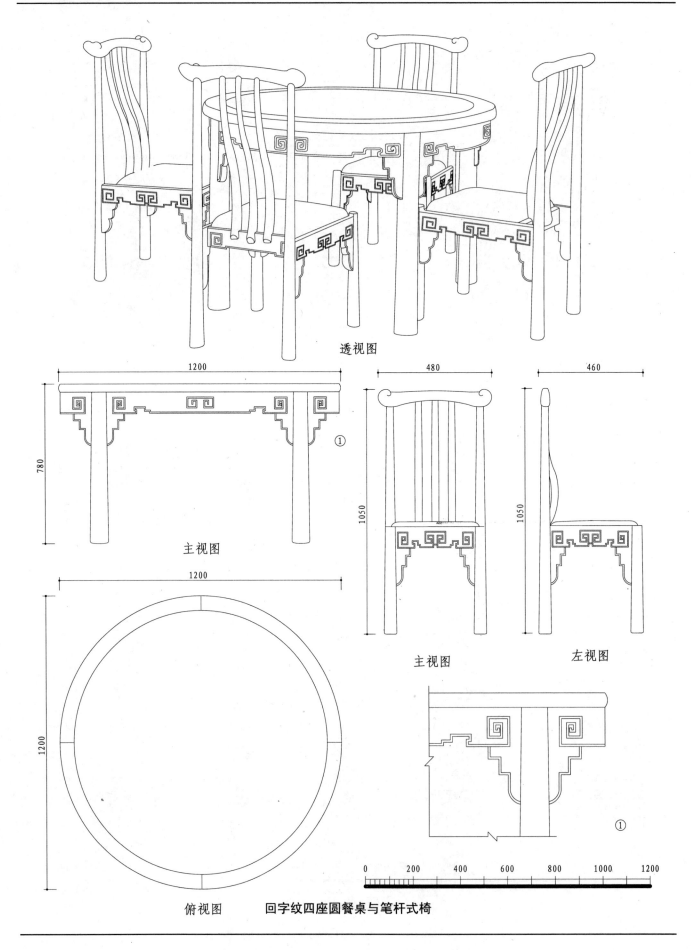

透视图

1200

780

主视图

①

1200

俯视图

480

1050

主视图

460

1050

左视图

①

0   200   400   600   800   1000   1200

回字纹四座圆餐桌与笔杆式椅

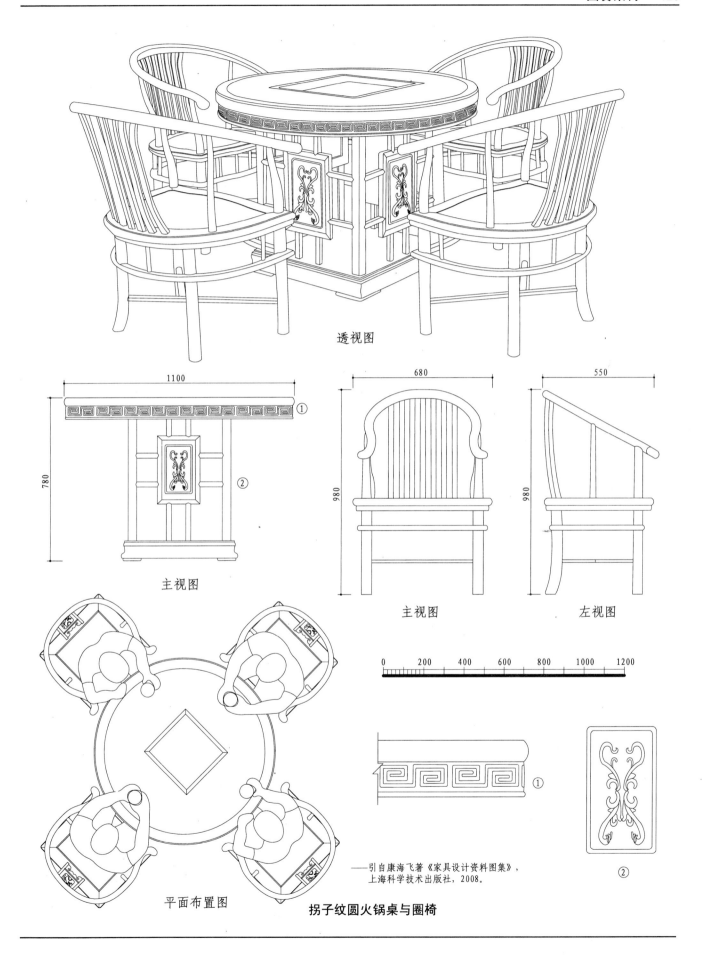

透视图

1100

①

780

②

主视图

680

980

主视图

550

980

左视图

0　200　400　600　800　1000　1200

①

②

平面布置图

引自康海飞著《家具设计资料图集》，
上海科学技术出版社，2008。

拐子纹圆火锅桌与圈椅

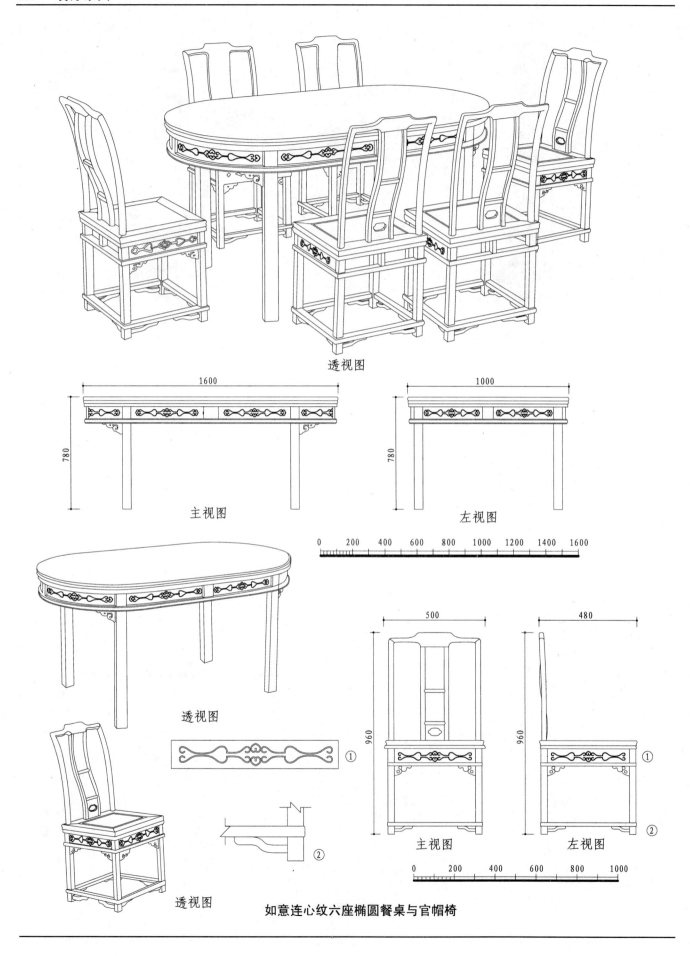

透视图

1600

780

主视图

1000

780

左视图

0 200 400 600 800 1000 1200 1400 1600

透视图

500

480

960

960

①

②

主视图

左视图

0 200 400 600 800 1000

透视图

①

②

透视图

如意连心纹六座椭圆餐桌与官帽椅

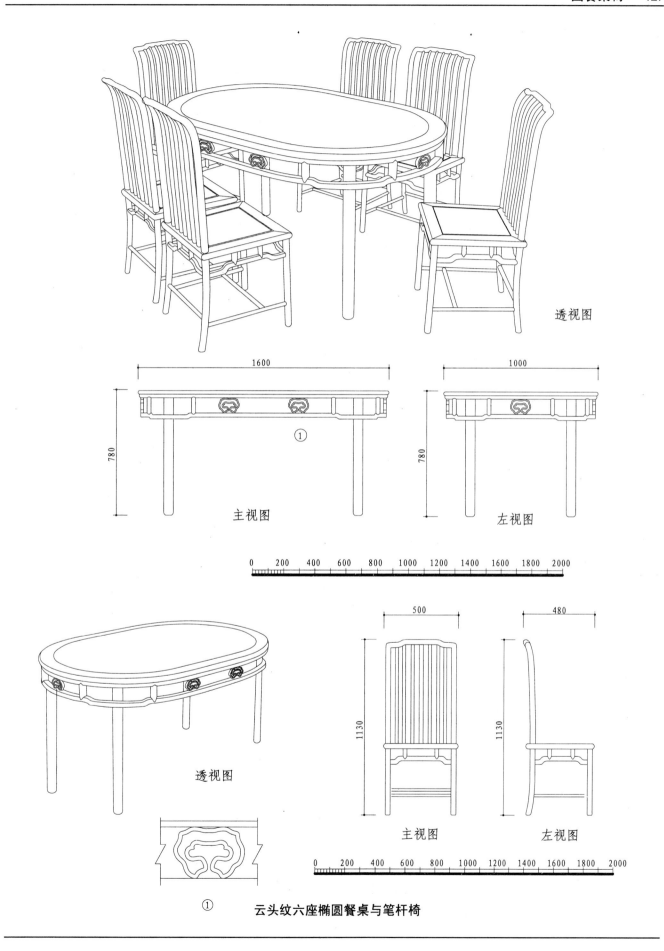

透视图

1600

780

① 主视图

1000

780

左视图

0 200 400 600 800 1000 1200 1400 1600 1800 2000

透视图

500

480

1130

1130

主视图

左视图

0 200 400 600 800 1000 1200 1400 1600 1800 2000

① **云头纹六座椭圆餐桌与笔杆椅**

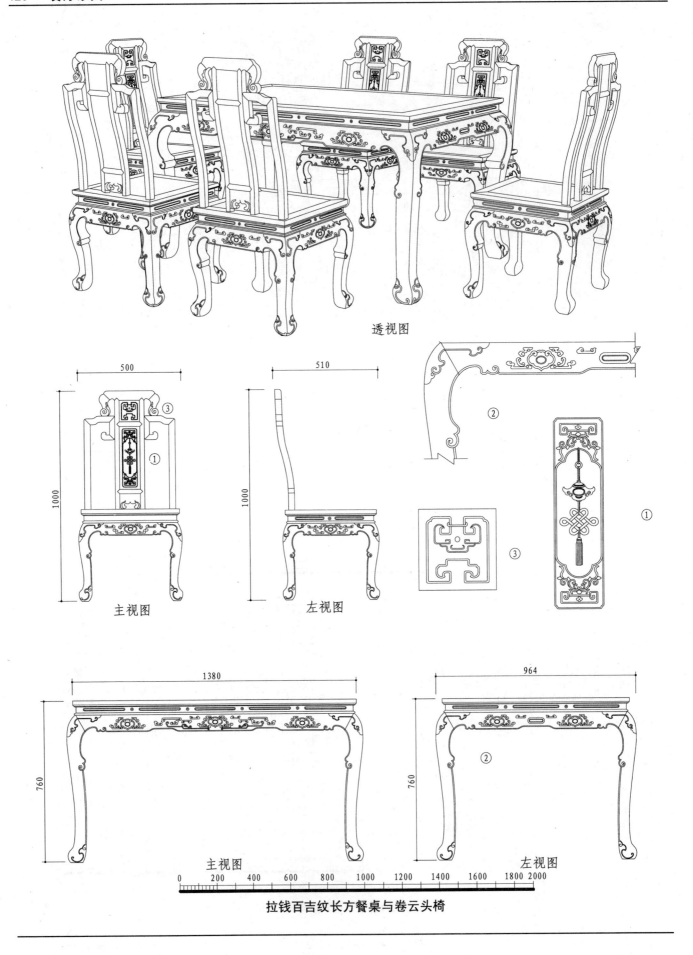

透视图

500

510

1000

1000

主视图

左视图

②

③

①

1380

964

760

760

②

主视图

左视图

0　200　400　600　800　1000　1200　1400　1600　1800　2000

拉钱百吉纹长方餐桌与卷云头椅

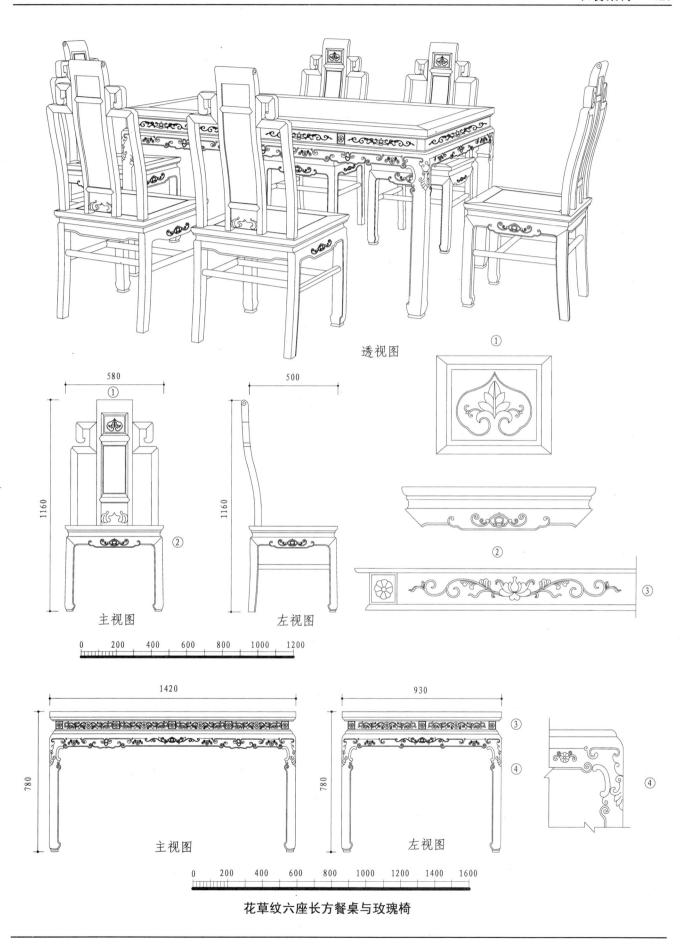

透视图

①

1160

580

①

②

主视图

500

1160

左视图

②

③

0　200　400　600　800　1000　1200

1420

930

③

④

780

780

主视图

左视图

④

0　200　400　600　800　1000　1200　1400　1600

花草纹六座长方餐桌与玫瑰椅

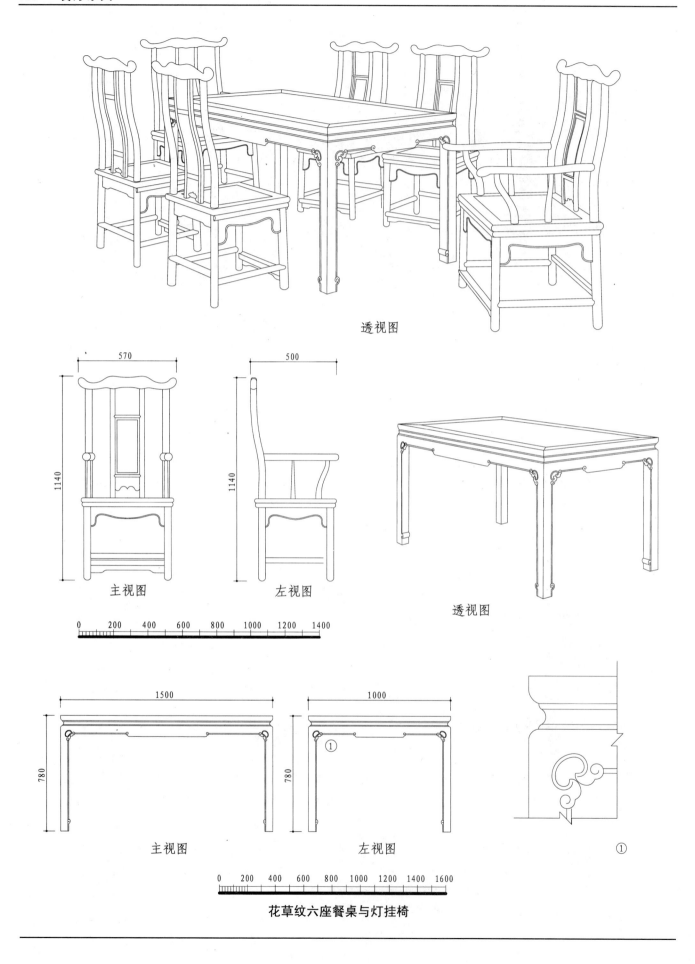

透视图

570

500

1140

1140

主视图　　　　　　　左视图

透视图

0　200　400　600　800　1000　1200　1400

1500

1000

780

780

①

主视图　　　　　　　左视图　　　　　①

0　200　400　600　800　1000　1200　1400　1600

花草纹六座餐桌与灯挂椅

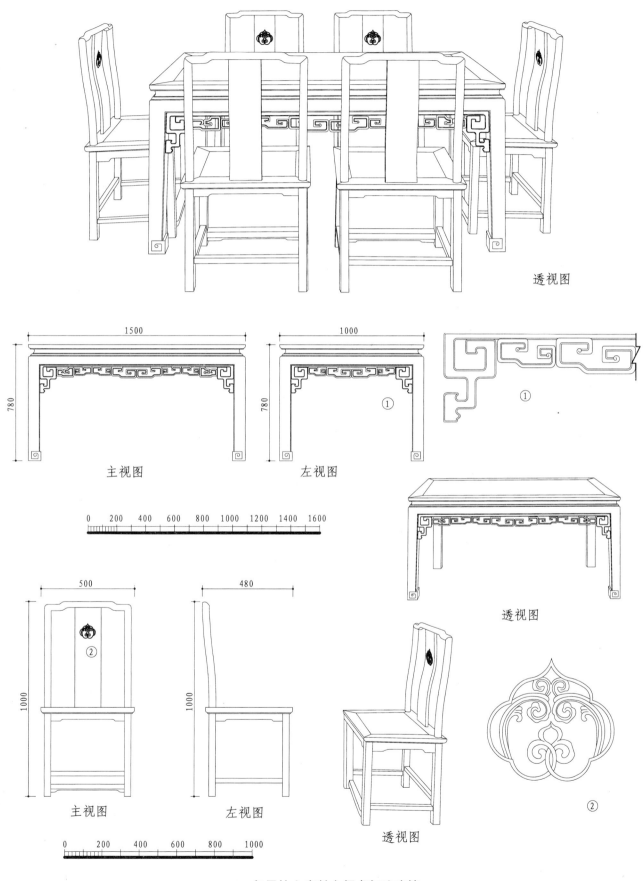

透视图

1500

780

主视图

1000

780

① 左视图

①

0　200　400　600　800　1000　1200　1400　1600

透视图

500

②

1000

主视图

480

1000

左视图

透视图

②

0　200　400　600　800　1000

勾子纹六座长方餐桌与玫瑰椅

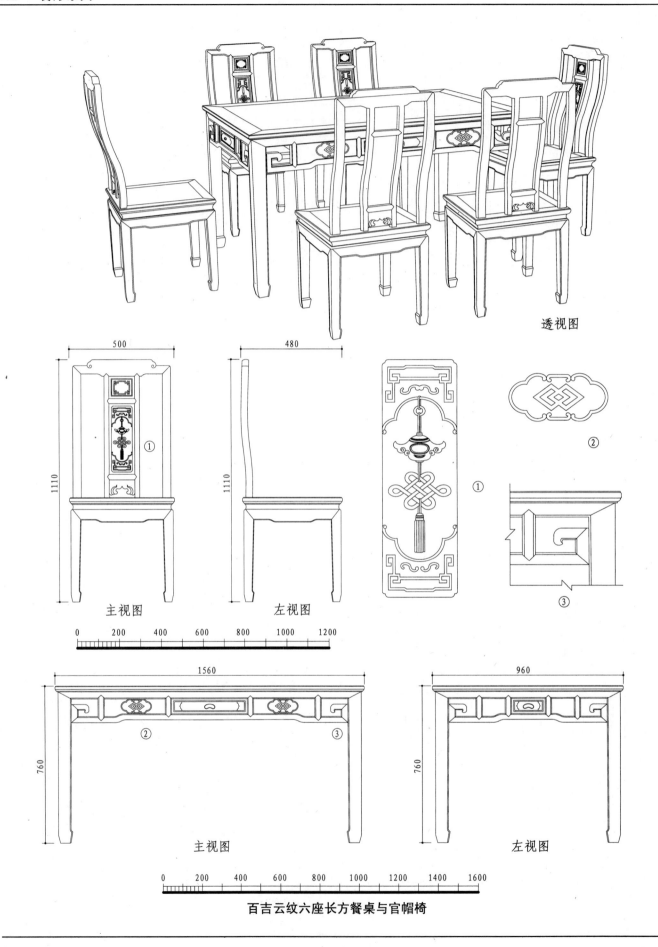

透视图

500

480

1110

1110

①

主视图

左视图

①

②

③

0　200　400　600　800　1000　1200

1560

760

②　　　③

960

760

主视图

左视图

0　200　400　600　800　1000　1200　1400　1600

百吉云纹六座长方餐桌与官帽椅

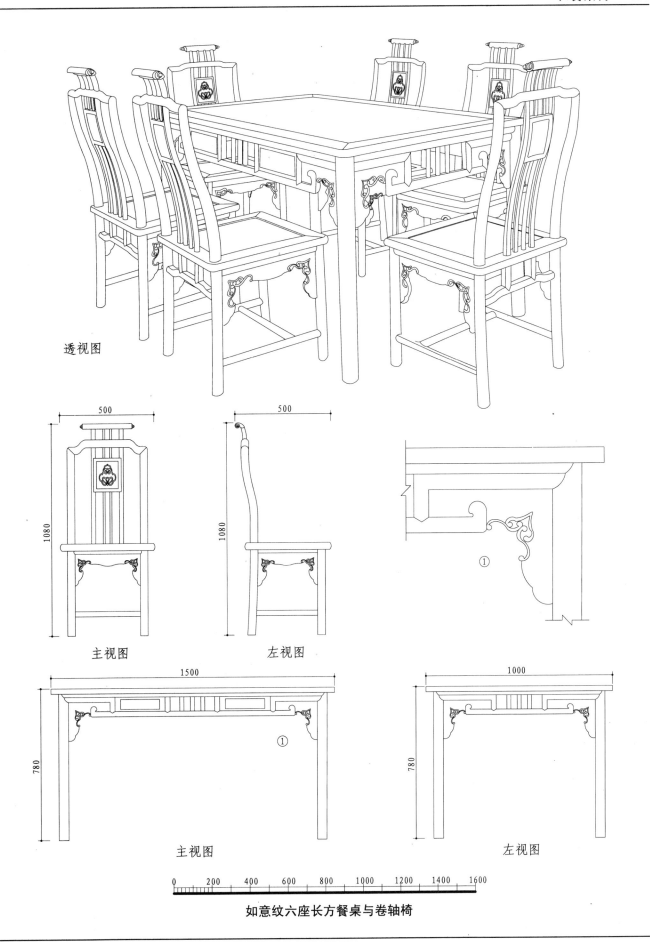

透视图

500

1080

500

1080

①

主视图　　　　　　左视图

1500

780

①

1000

780

主视图　　　　　　左视图

0　200　400　600　800　1000　1200　1400　1600

如意纹六座长方餐桌与卷轴椅

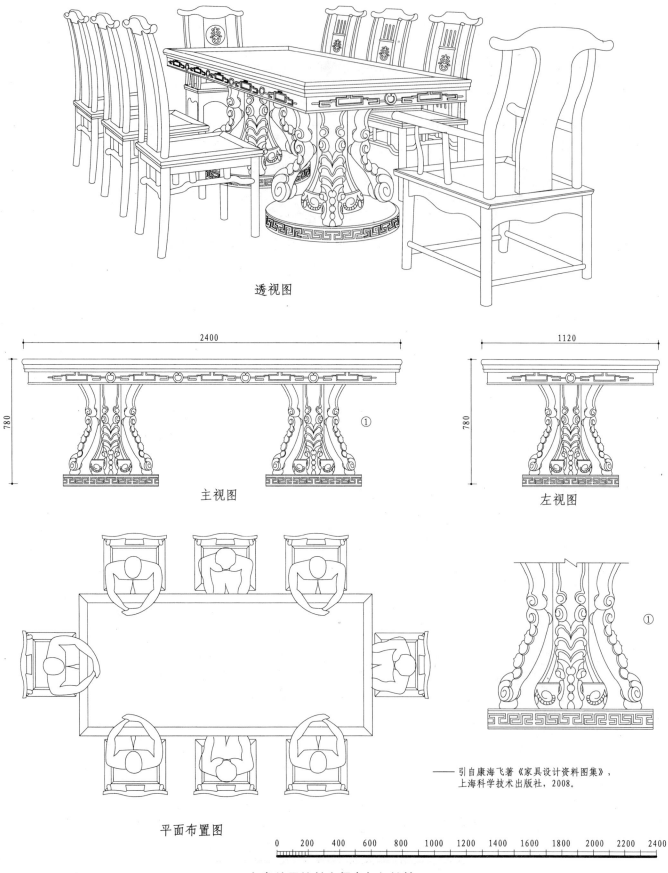

透视图

2400

780

①

主视图

1120

780

左视图

①

平面布置图

—— 引自康海飞著《家具设计资料图集》，
上海科学技术出版社，2008。

0　200　400　600　800　1000　1200　1400　1600　1800　2000　2200　2400

象鼻钩子纹长方餐桌与灯挂椅

主视图

左视图

透视图

灵芝纹三弯腿方餐桌与方凳

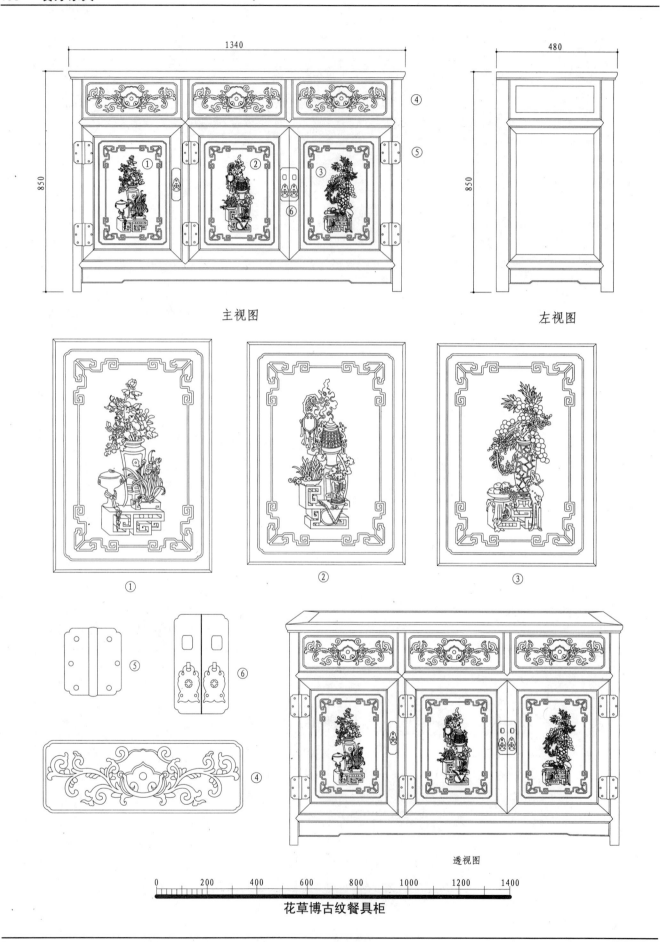

主视图

左视图

① ② ③

⑤ ⑥

④

透视图

花草博古纹餐具柜

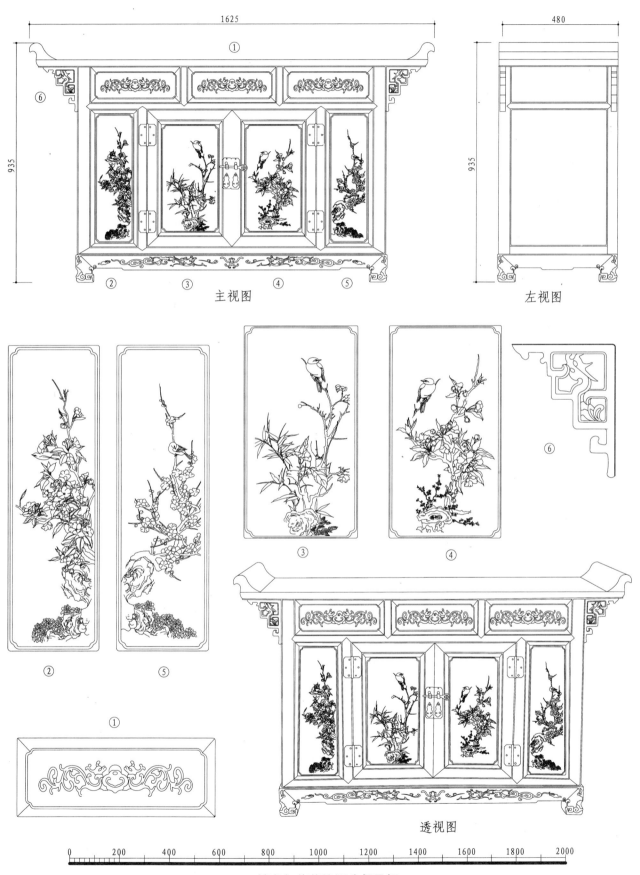

主视图

左视图

透视图

螭龙与花草纹翘头餐具柜

主视图

左视图

透视图

山水纹罗锅枨加矮老腿餐具柜

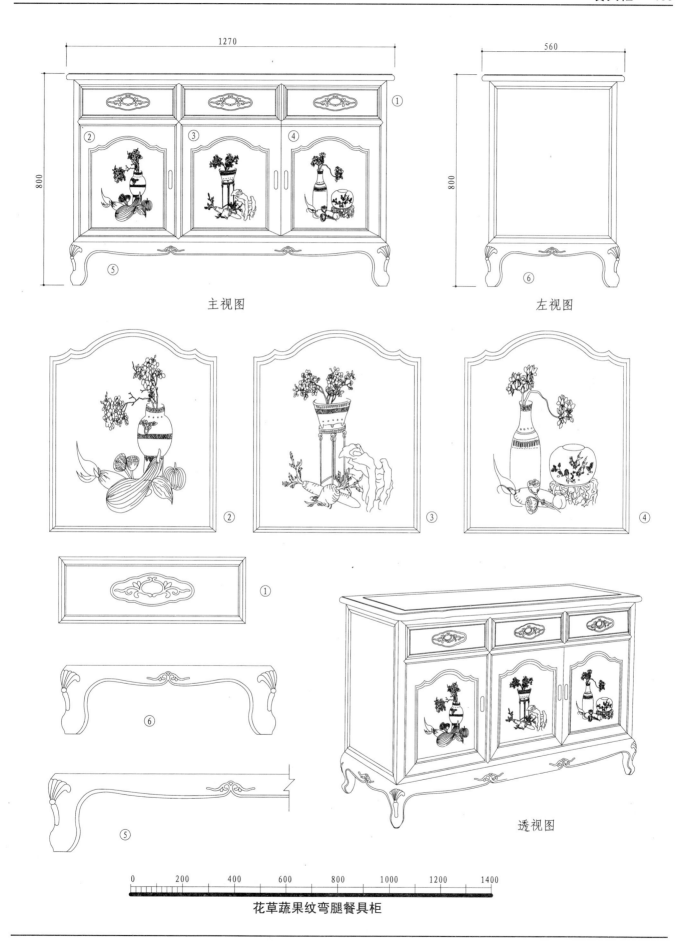

主视图

左视图

花草蔬果纹弯腿餐具柜

⑥ 主视图

⑤ 左视图

④

②

③

①

⑤

⑥

透视图

花草卷叶纹餐具柜

1600

550

800

800

① ② ③

主视图

左视图

② ③ ①

0 200 400 600 800 1000 1200 1400 1600

透视图

蝙蝠寿字纹弯腿餐具柜

1580

480

⑤ ④ ⑥ ⑦

935

935

⑦

主视图

左视图

⑥ ④ ⑤

0 200 400 600 800 1000 1200 1400 1600

透视图

螭龙蝠寿纹翘头餐具柜

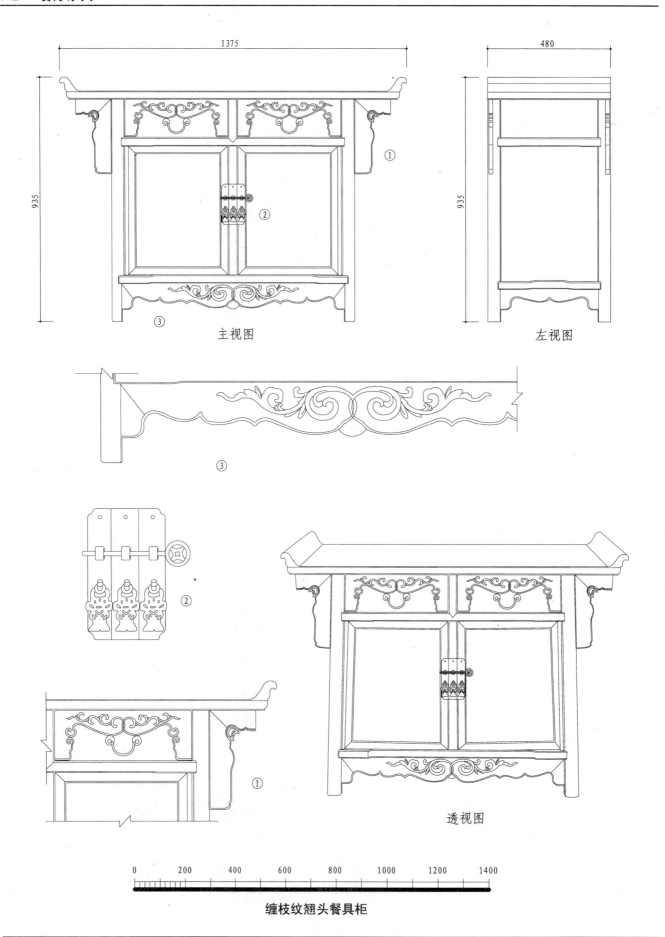

主视图

左视图

③

①

②

透视图

缠枝纹翘头餐具柜

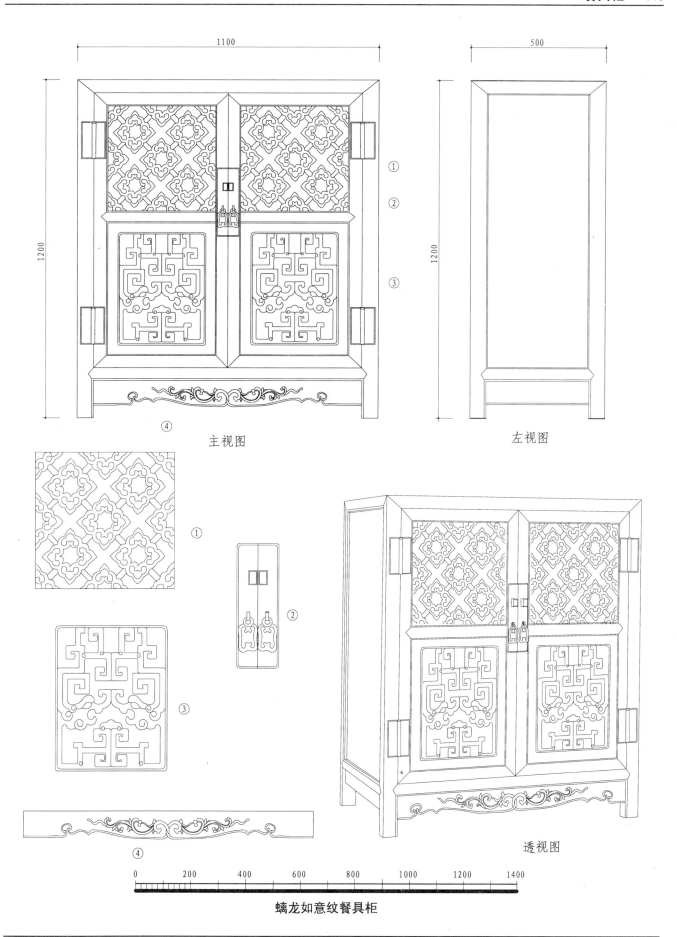

1100

500

1200

1200

① ② ③

④

主视图

左视图

①

②

③

④

0　200　400　600　800　1000　1200　1400

螭龙如意纹餐具柜

透视图

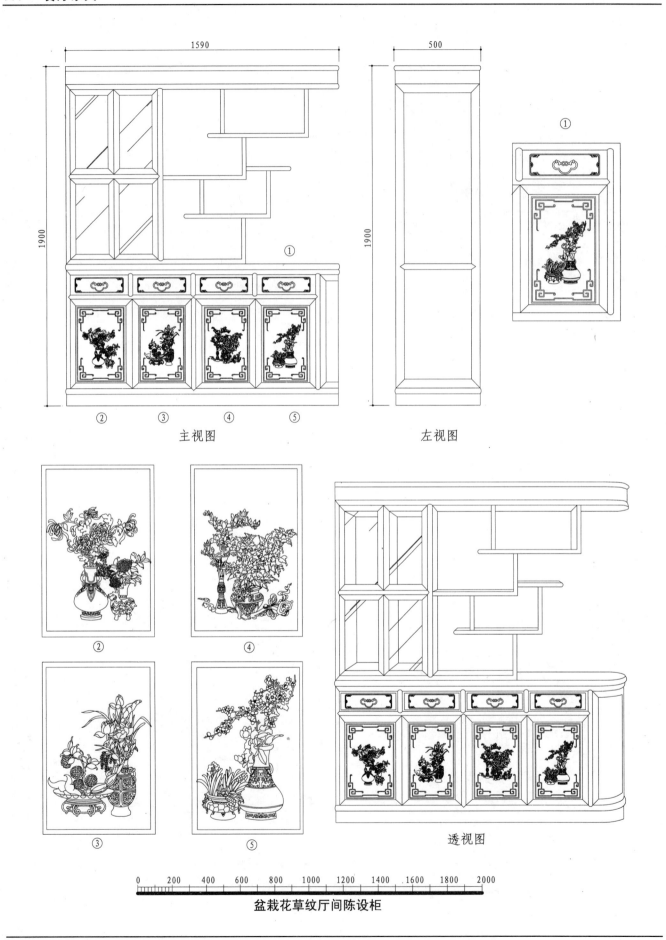

主视图

左视图

②

④

③

⑤

透视图

盆栽花草纹厅间陈设柜

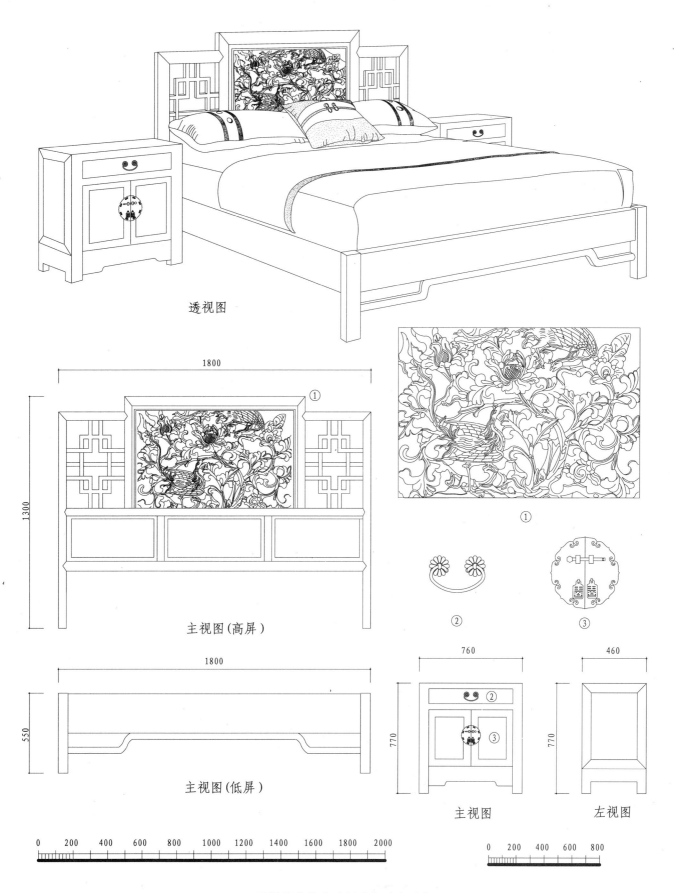

透视图

1800

①

1300

主视图（高屏）

1800

550

主视图（低屏）

①

②

③

760

②

770

③

460

770

主视图　　　　　左视图

0　200　400　600　800　1000　1200　1400　1600　1800　2000

0　200　400　600　800

凤凰与花草纹实木板高低床与边柜

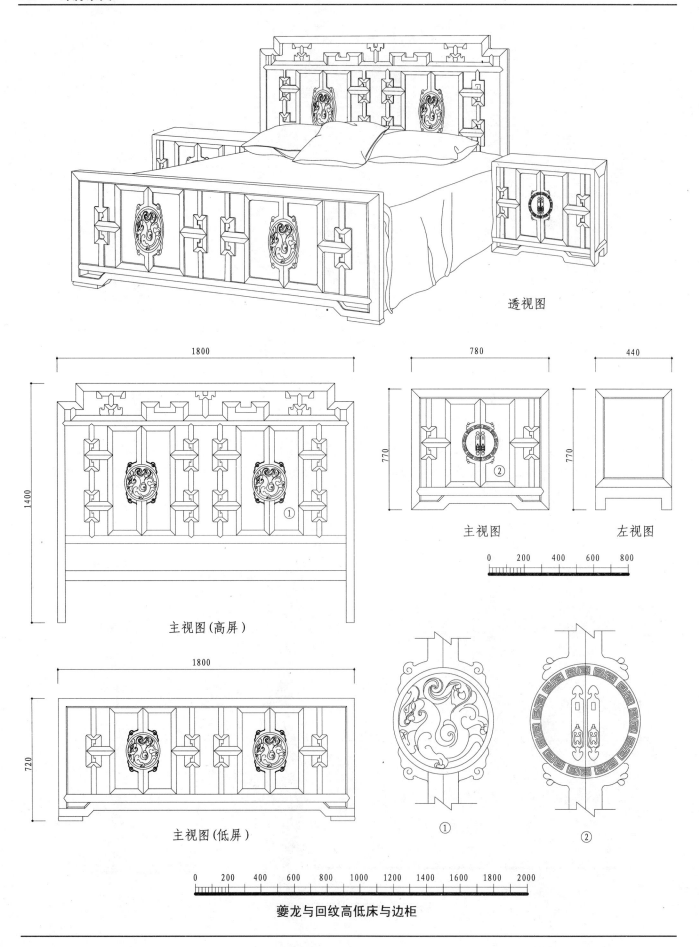

透视图

1800

1400

主视图（高屏）

780

770

②

主视图

440

770

左视图

0 200 400 600 800

1800

720

主视图（低屏）

①

②

0 200 400 600 800 1000 1200 1400 1600 1800 2000

夔龙与回纹高低床与边柜

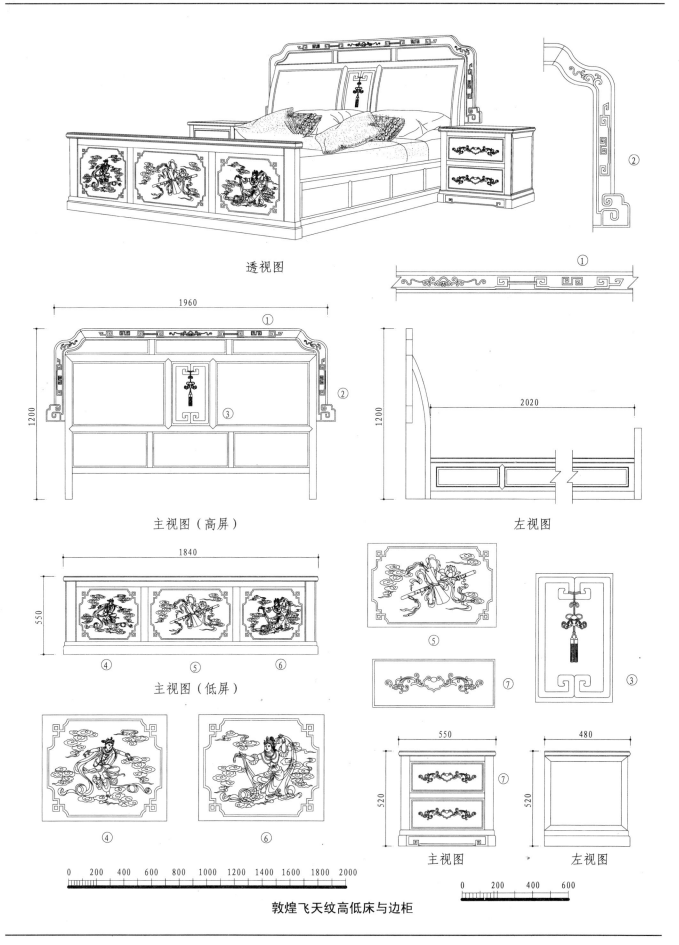

透视图

1960

1200

主视图（高屏）

1840

550

④ ⑤ ⑥

主视图（低屏）

④ ⑥

2020

1200

左视图

①

②

⑤

⑦

③

550

520

⑦

480

520

主视图 左视图

0 200 400 600 800 1000 1200 1400 1600 1800 2000

0 200 400 600

敦煌飞天纹高低床与边柜

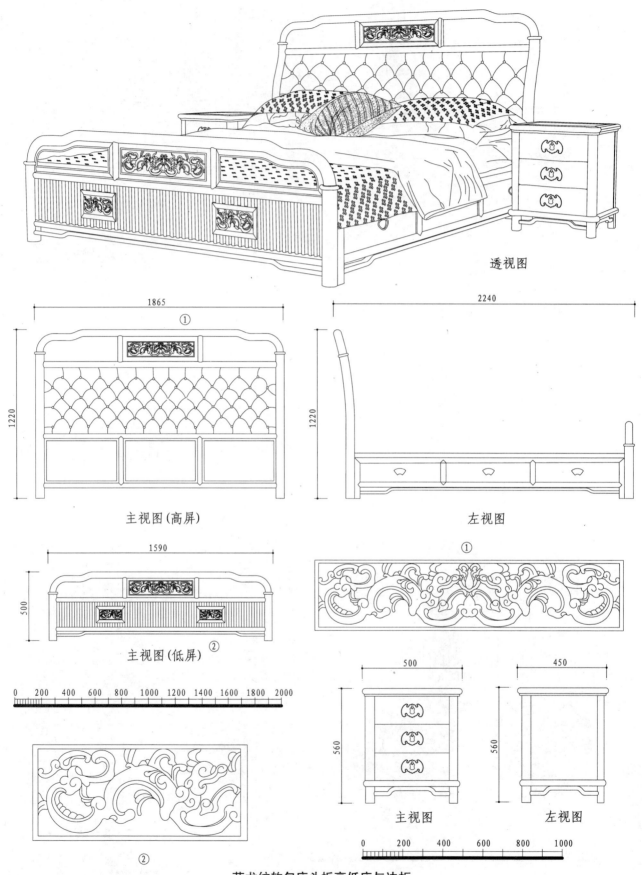

透视图

1865

①

1220

主视图(高屏)

2240

1220

左视图

1590

①

500

主视图(低屏) ②

0　200　400　600　800　1000　1200　1400　1600　1800　2000

②

500

560

450

560

主视图

左视图

0　200　400　600　800　1000

草龙纹软包床头板高低床与边柜

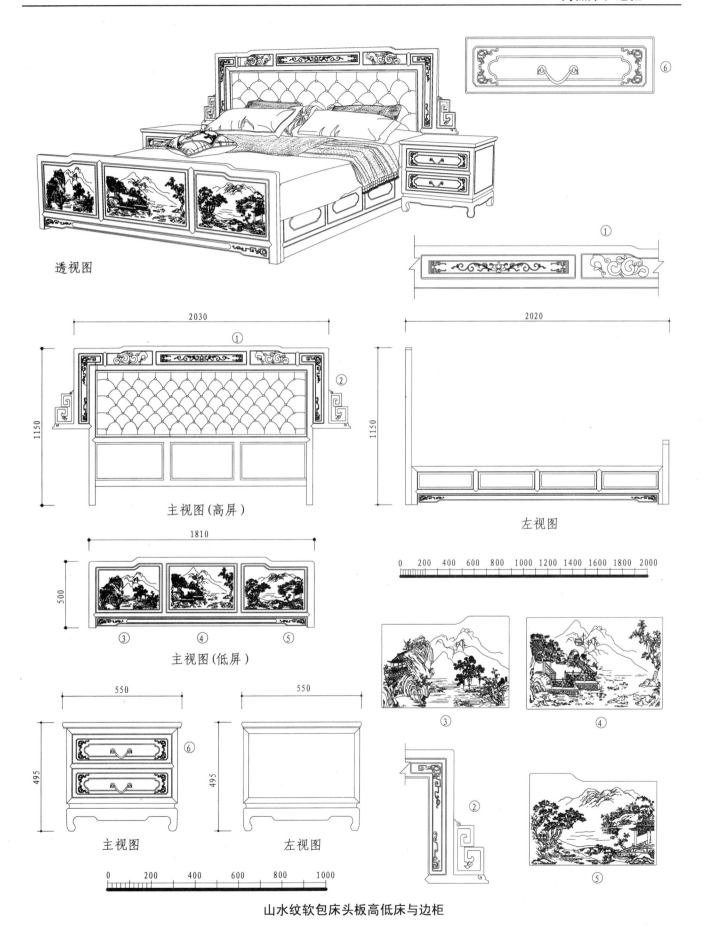

透视图

2030

① ②

1150

主视图(高屏)

1810

500

③ ④ ⑤

主视图(低屏)

550

495

⑥

主视图

550

495

左视图

0 200 400 600 800 1000

⑥

①

2020

1150

左视图

0 200 400 600 800 1000 1200 1400 1600 1800 2000

③ ④

② ⑤

山水纹软包床头板高低床与边柜

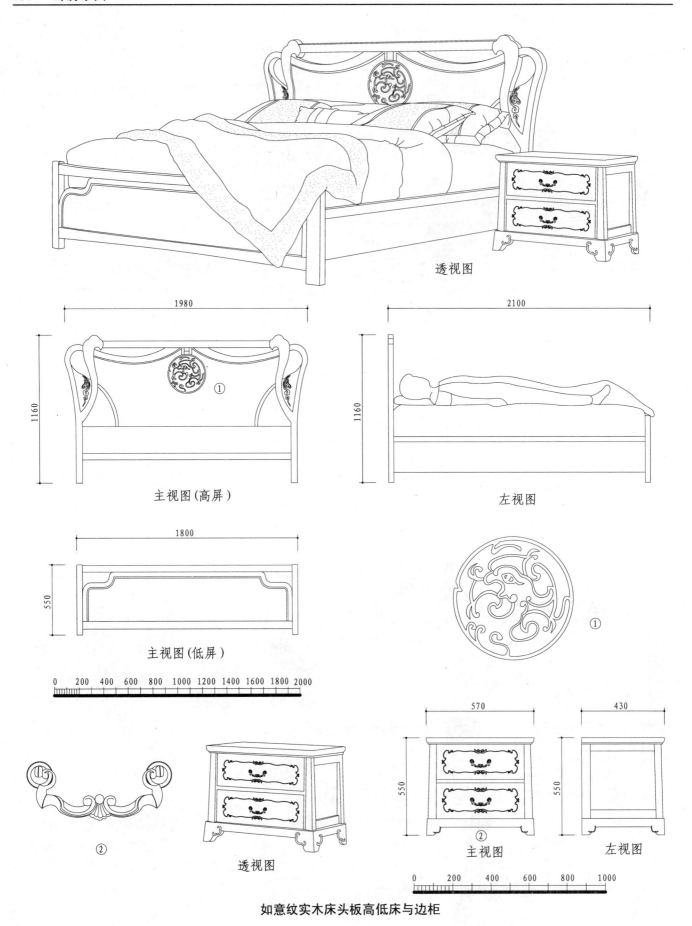

透视图

1980

1160

主视图（高屏）

2100

1160

左视图

1800

550

主视图（低屏）

①

0　200　400　600　800　1000　1200　1400　1600　1800　2000

②

透视图

570

550

②

主视图

430

550

左视图

0　200　400　600　800　1000

如意纹实木床头板高低床与边柜

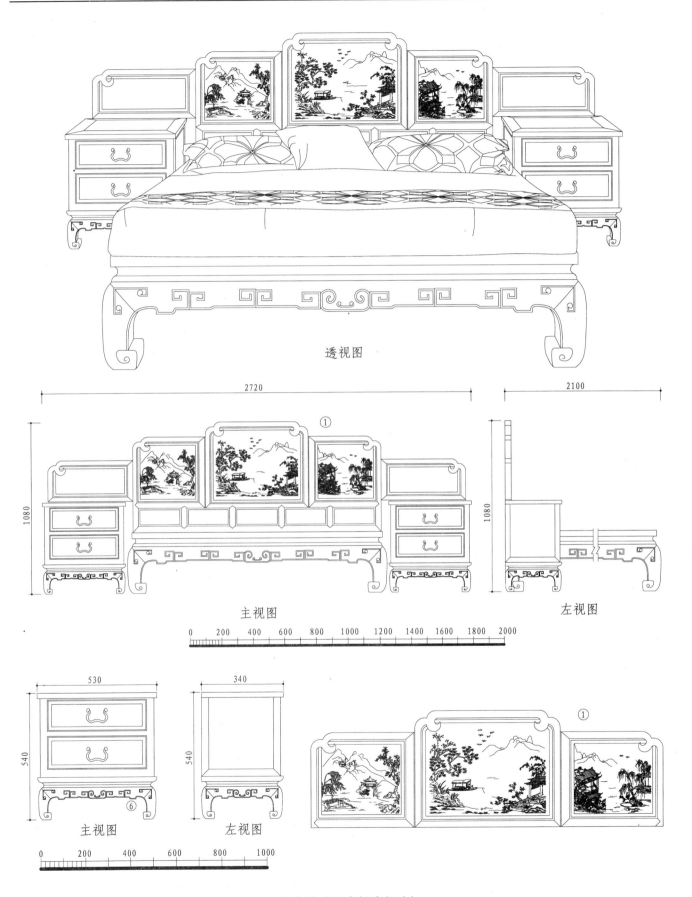

透视图

2720

2100

1080

主视图

左视图

0 200 400 600 800 1000 1200 1400 1600 1800 2000

530

340

540

540

主视图

左视图

0 200 400 600 800 1000

山水纹实木床头板高低床与边柜

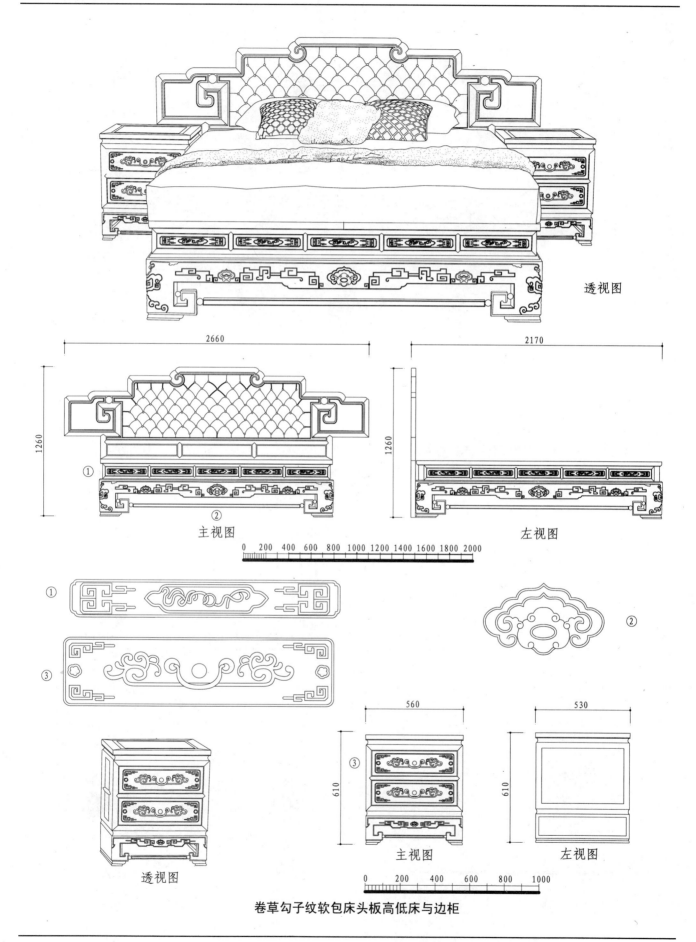

透视图

2660

1260

①

主视图

②

2170

1260

左视图

0　200　400　600　800　1000　1200　1400　1600　1800　2000

①

③

②

560

③

610

530

610

主视图

左视图

透视图

0　200　400　600　800　1000

卷草勾子纹软包床头板高低床与边柜

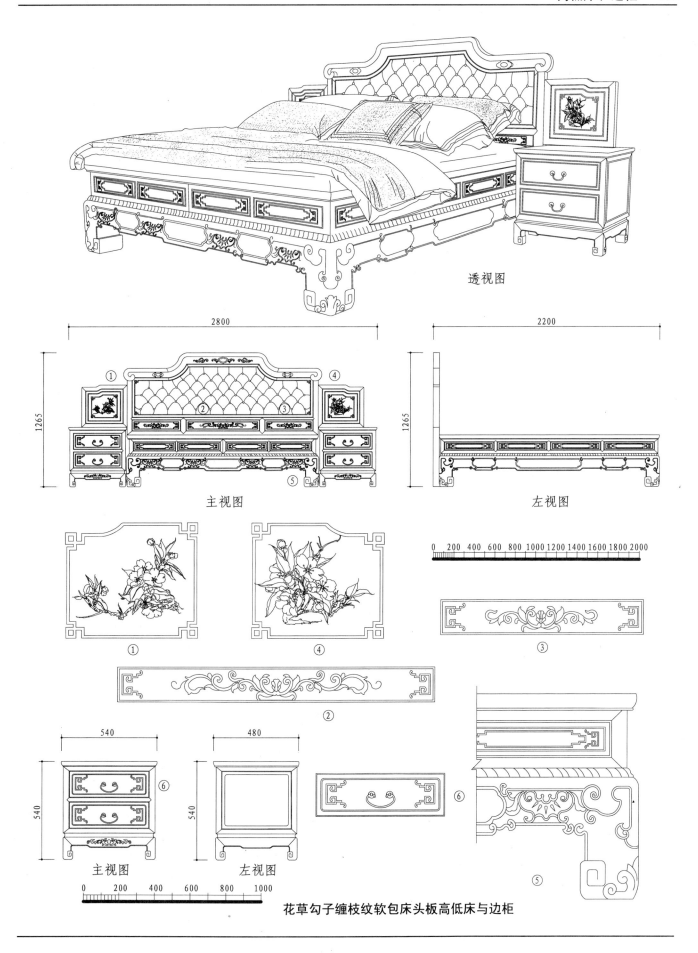

透视图

2800

1265

① ④

② ③

⑤

主视图

2200

1265

左视图

①

④

0 200 400 600 800 1000 1200 1400 1600 1800 2000

③

②

540

540

⑥

480

540

⑥

⑤

主视图

左视图

0 200 400 600 800 1000

花草勾子缠枝纹软包床头板高低床与边柜

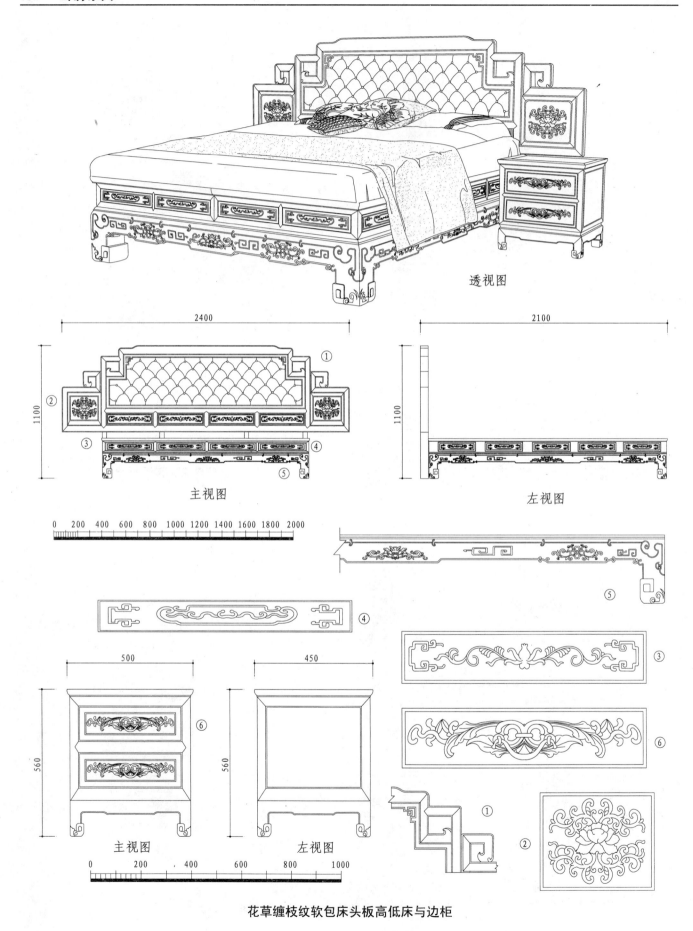

透视图

2400

1100

① ② ③ ④ ⑤

主视图

2100

1100

左视图

0 200 400 600 800 1000 1200 1400 1600 1800 2000

⑤

④

③

⑥

500

450

560

560

⑥

①

②

主视图

左视图

0 200 400 600 800 1000

花草缠枝纹软包床头板高低床与边柜

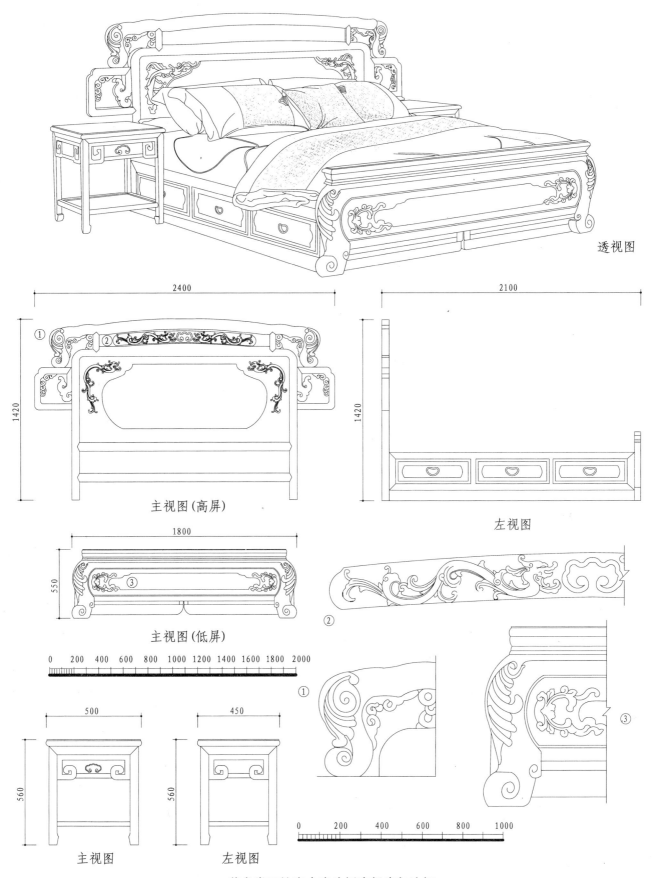

透视图

2400

1420

主视图(高屏)

2100

1420

左视图

1800

550

主视图(低屏)

②

①

③

0 200 400 600 800 1000 1200 1400 1600 1800 2000

500

450

560

560

主视图

左视图

0 200 400 600 800 1000

草龙卷云纹实木床头板高低床与边柜

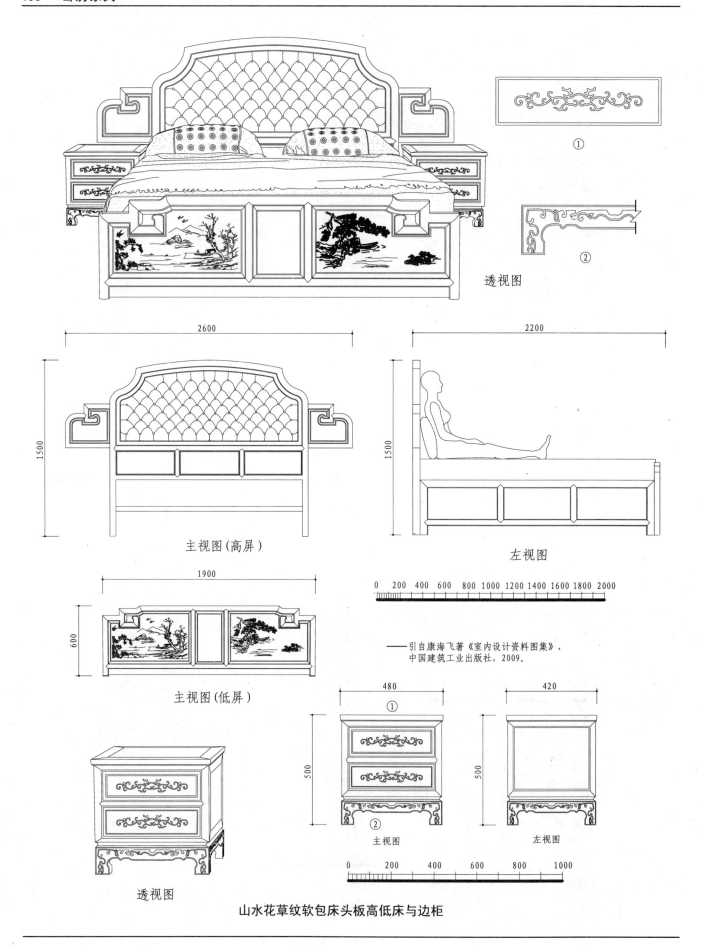

① ②

透视图

2600

1500

主视图（高屏）

2200

1500

左视图

1900

600

主视图（低屏）

0　200　400　600　800　1000 1200 1400 1600 1800 2000

——引自康海飞著《室内设计资料图集》，
中国建筑工业出版社，2009。

480

①
②

500

主视图

420

500

左视图

透视图

0　　200　　400　　600　　800　　1000

山水花草纹软包床头板高低床与边柜

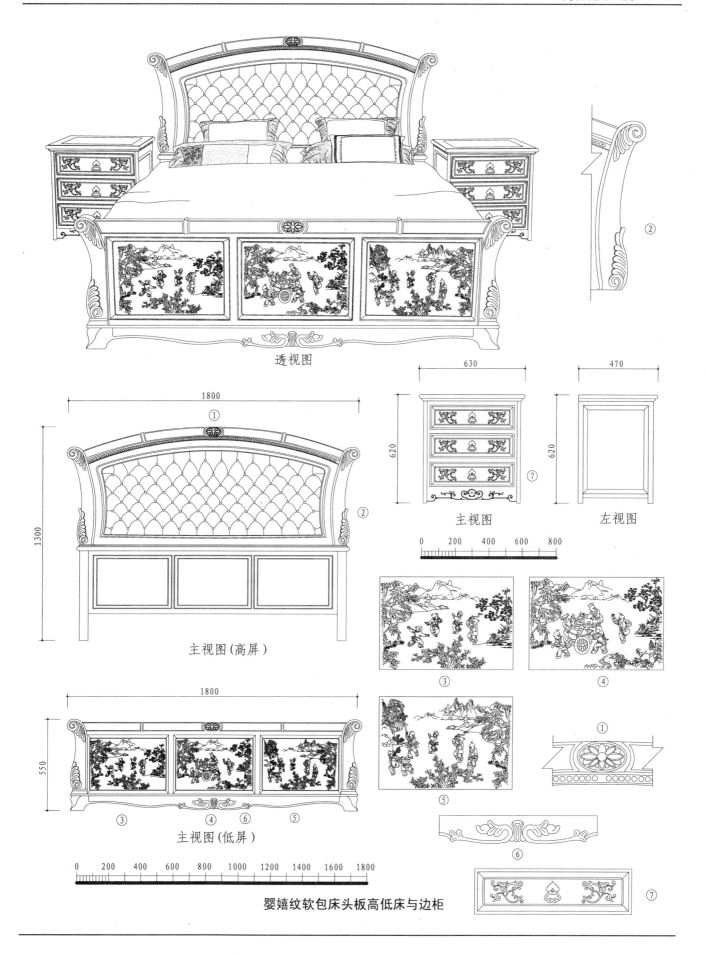

透视图

1800

②

1300

主视图（高屏）

1800

550

③　④　⑥　⑤

主视图（低屏）

0 200 400 600 800 1000 1200 1400 1600 1800

630

620

⑦

主视图

470

620

左视图

0 200 400 600 800

③　④

⑤

①

⑥

⑦

婴嬉纹软包床头板高低床与边柜

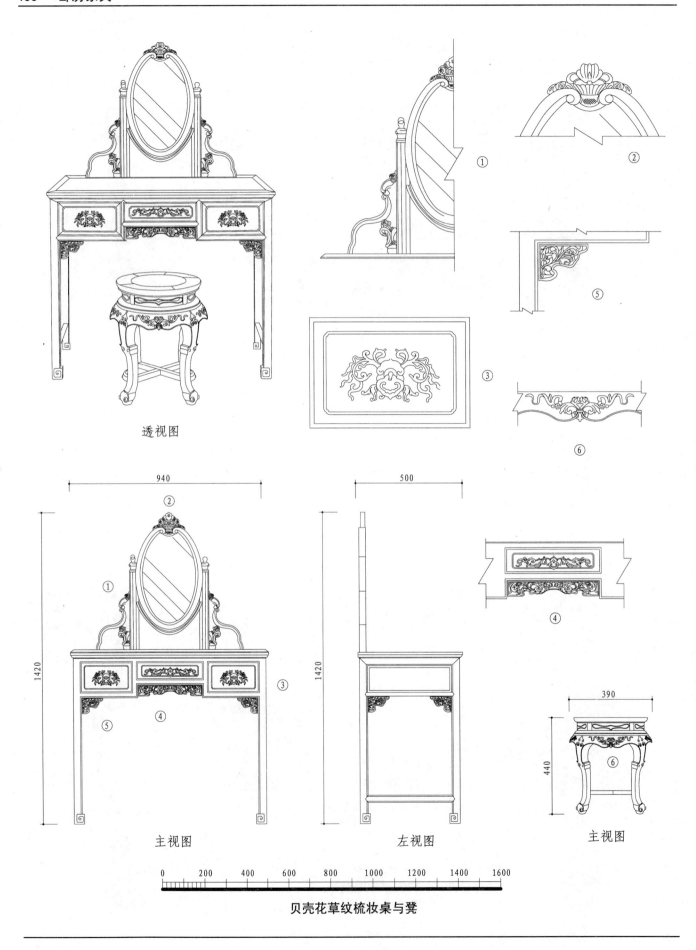

透视图

①

②

③

⑤

⑥

④

940

500

1420

1420

390

440

①

②

③

④

⑤

⑥

主视图

左视图

主视图

0　　200　　400　　600　　800　　1000　　1200　　1400　　1600

贝壳花草纹梳妆桌与凳

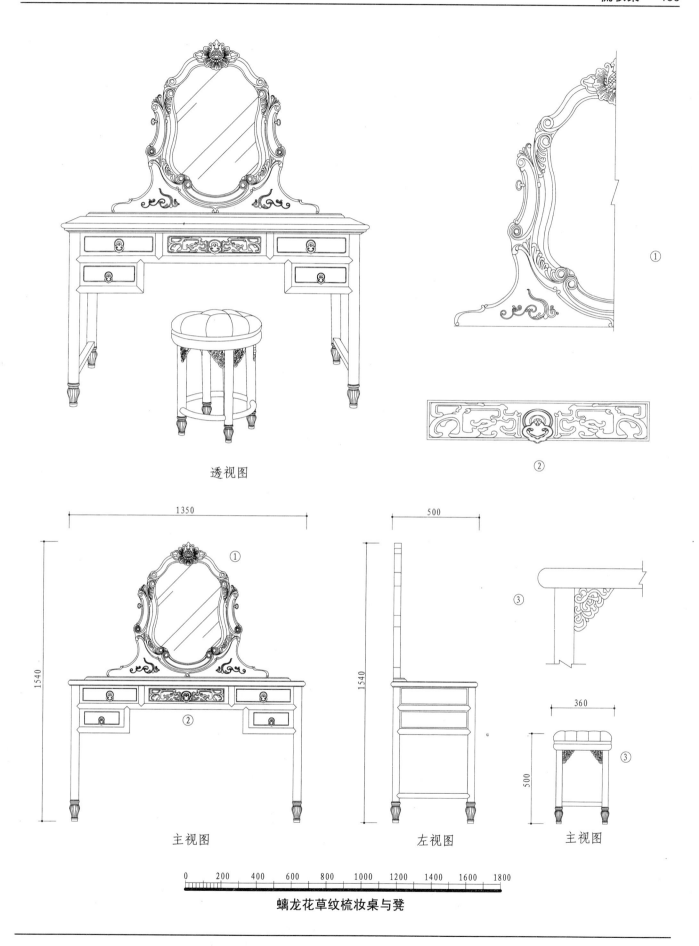

透视图

1350

500

1540

1540

360

500

主视图　　　　　　　　左视图　　　　主视图

0　200　400　600　800　1000　1200　1400　1600　1800

螭龙花草纹梳妆桌与凳

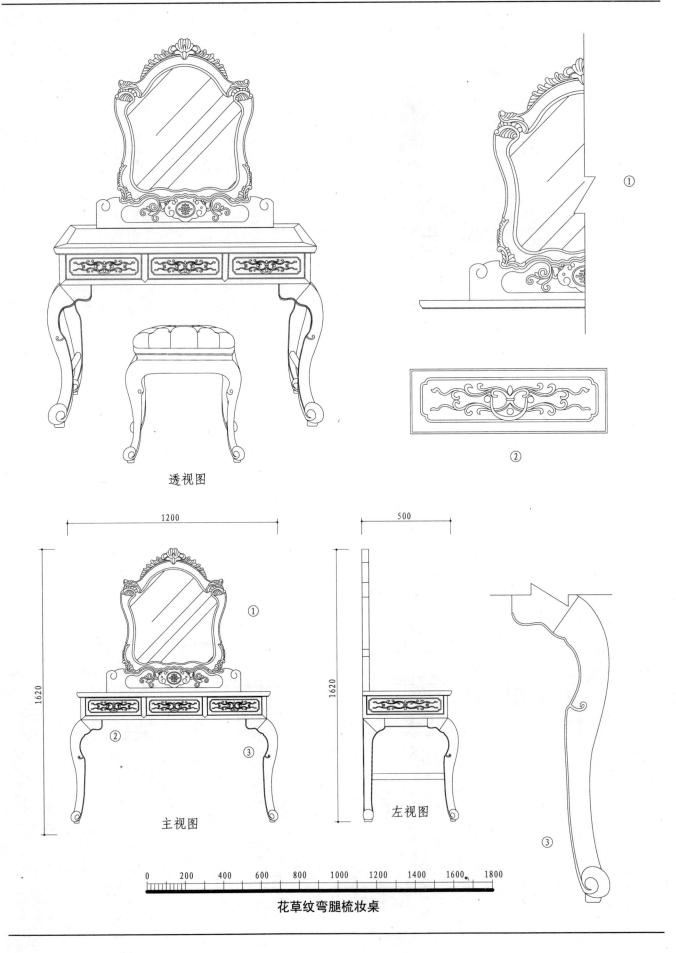

透视图

①

②

1200

1620

②

③

主视图

500

1620

左视图

③

0   200   400   600   800   1000   1200   1400   1600   1800

花草纹弯腿梳妆桌

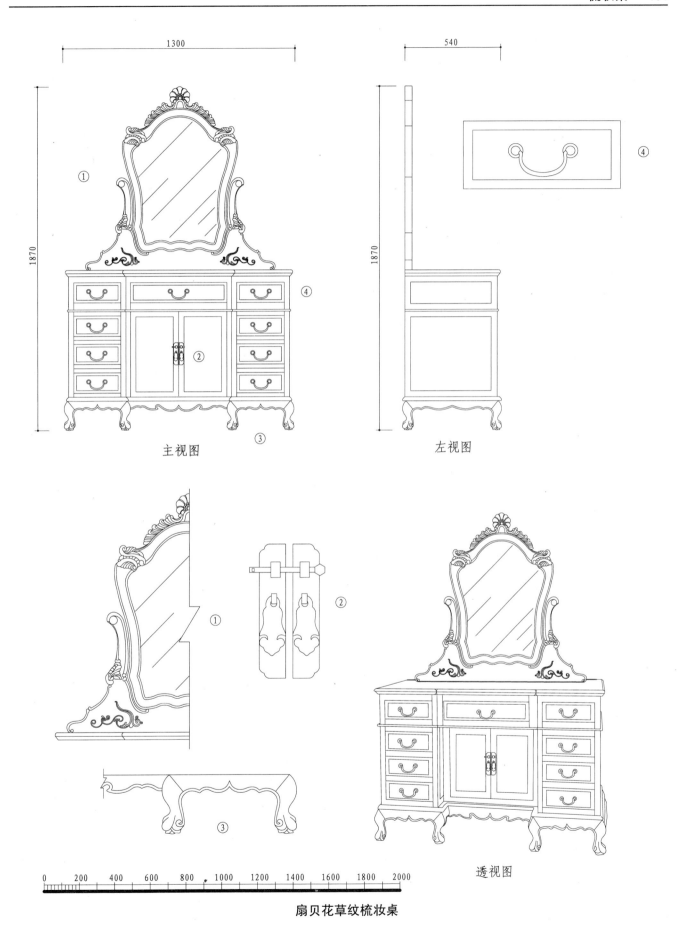

1300

540

1870

1870

主视图

左视图

透视图

0 200 400 600 800 1000 1200 1400 1600 1800 2000

扇贝花草纹梳妆桌

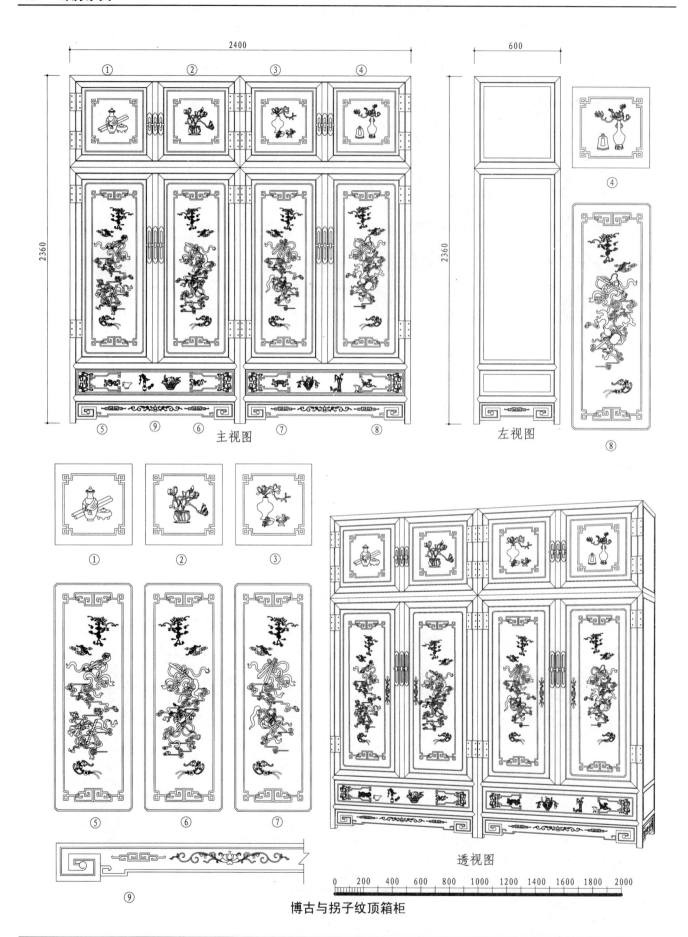

2400

① ② ③ ④

2360

⑤ ⑨ ⑥ ⑦ ⑧

主视图

600

2360

左视图

④

⑧

① ② ③

⑤ ⑥ ⑦

⑨

透视图

0 200 400 600 800 1000 1200 1400 1600 1800 2000

博古与拐子纹顶箱柜

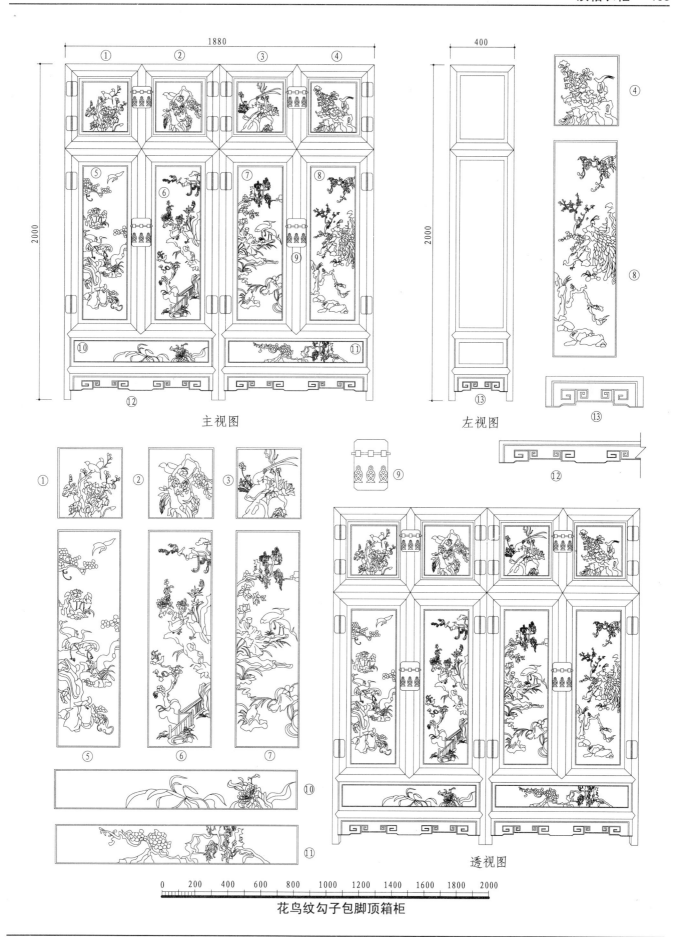

主视图

左视图

透视图

花鸟纹勾子包脚顶箱柜

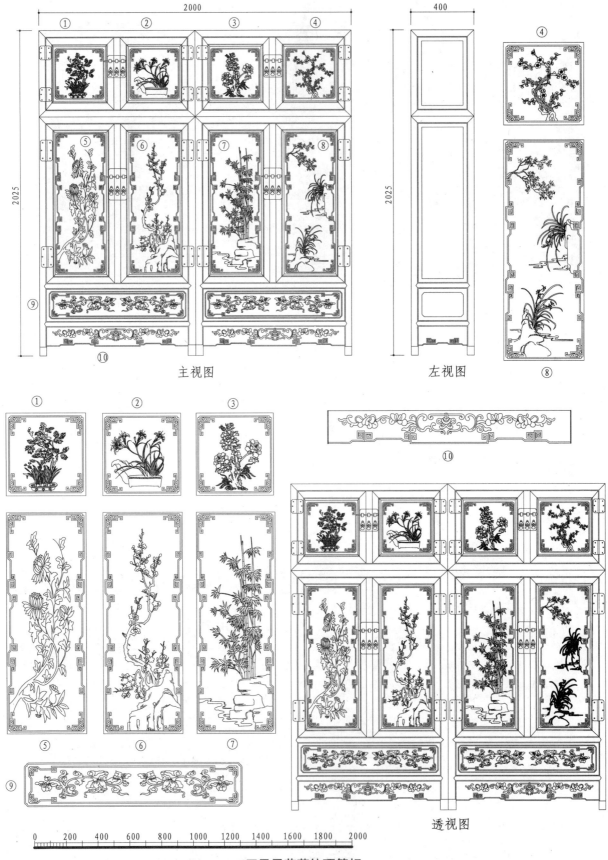

主视图

左视图

透视图

四君子花草纹顶箱柜

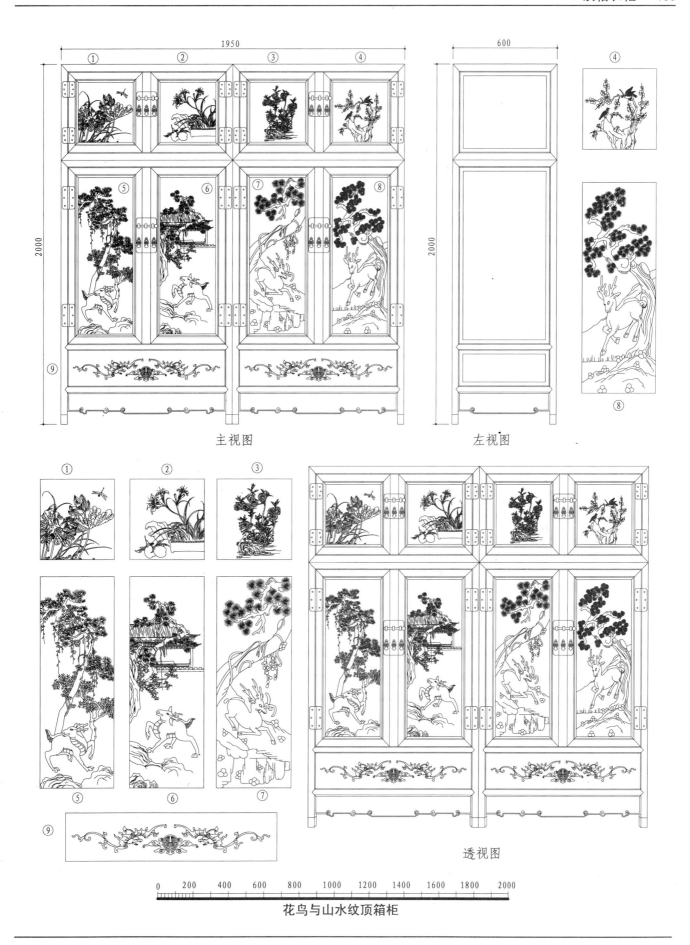

主视图

左视图

透视图

花鸟与山水纹顶箱柜

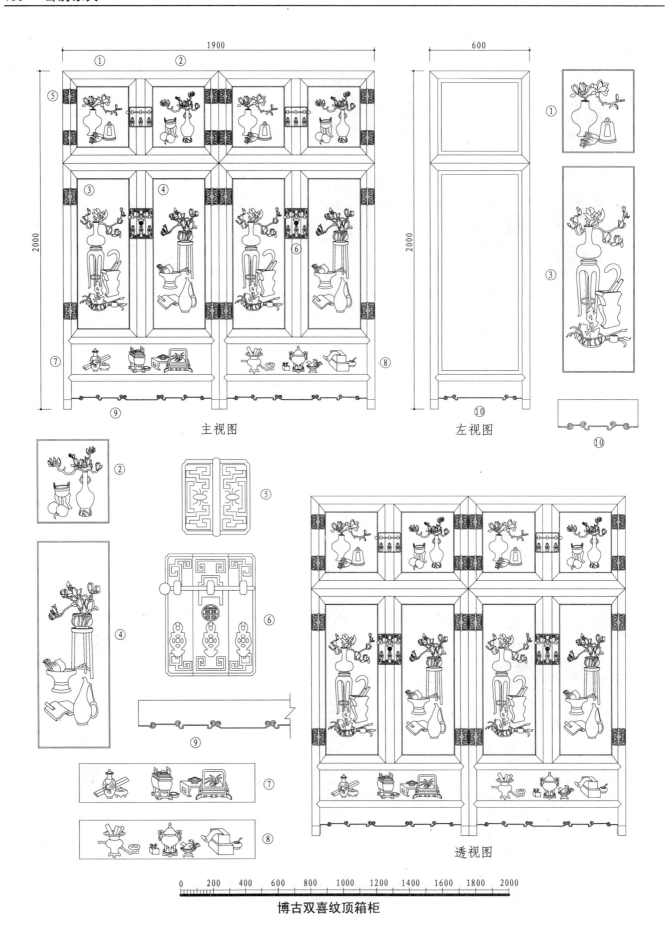

主视图

左视图

透视图

博古双喜纹顶箱柜

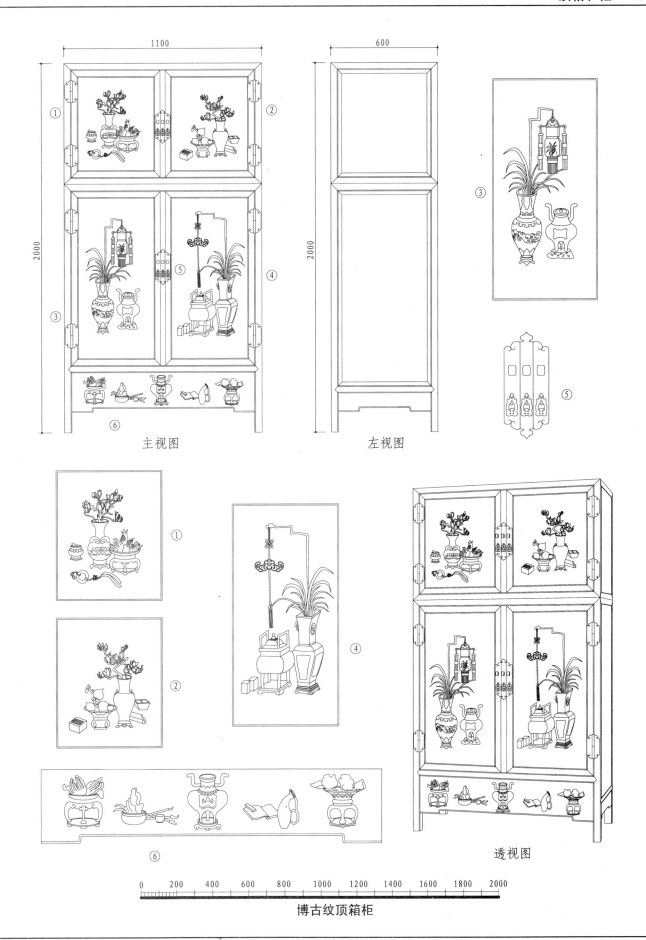

主视图

左视图

透视图

博古纹顶箱柜

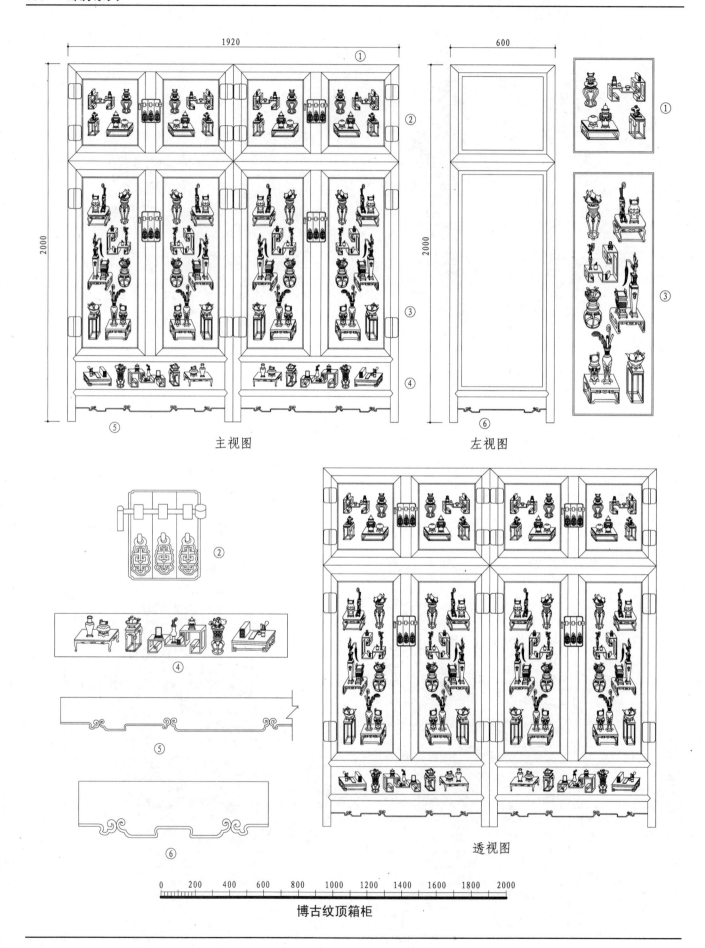

主视图

左视图

透视图

博古纹顶箱柜

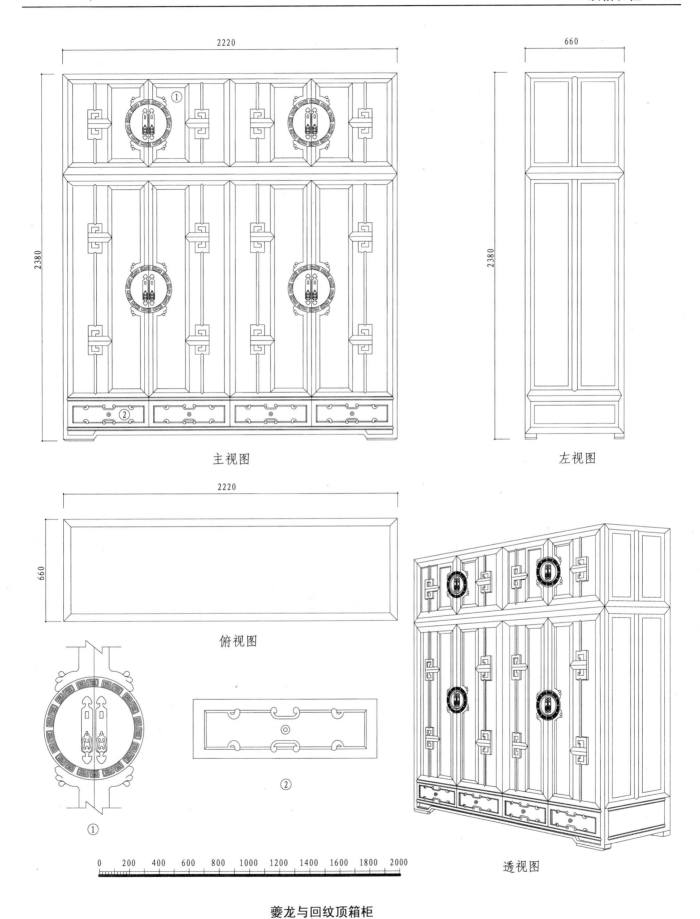

主视图

左视图

俯视图

①

②

0　200　400　600　800　1000　1200　1400　1600　1800　2000

透视图

夔龙与回纹顶箱柜

透视图

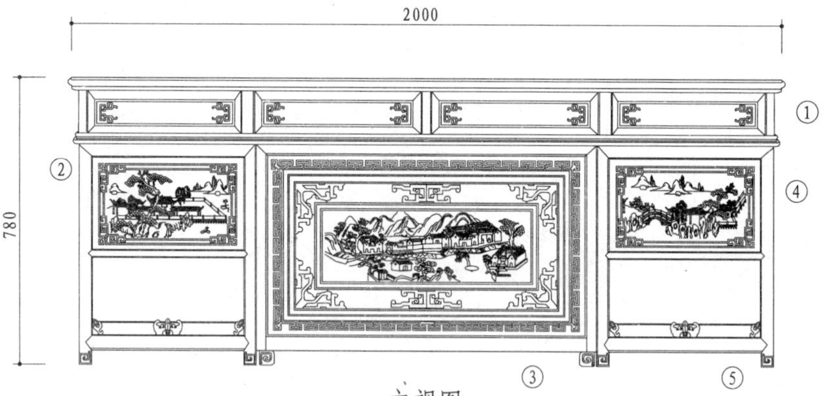

2000

955

780

① ② 780 ③ ④ ⑤

主视图

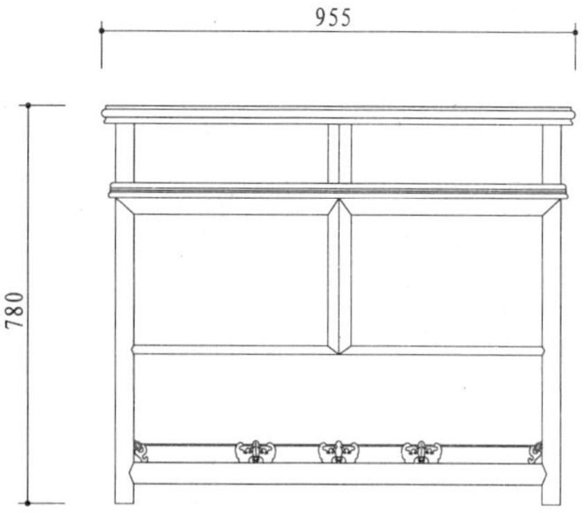

左视图

② ④ ③ ①

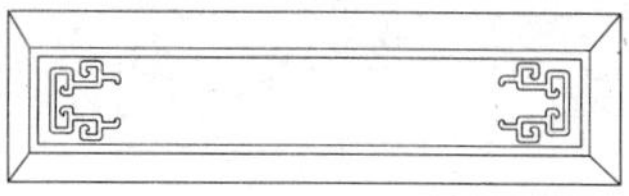

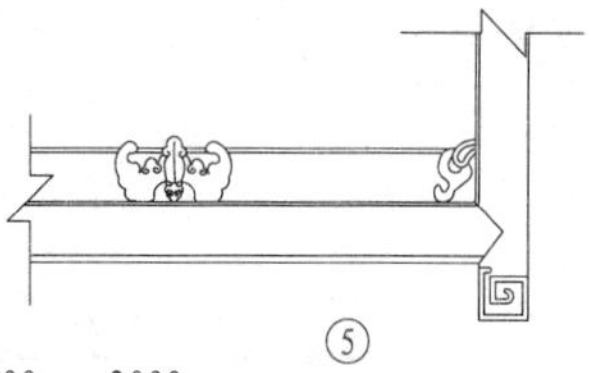

⑤

0　200　400　600　800　1000　1200　1400　1600　1800　2000

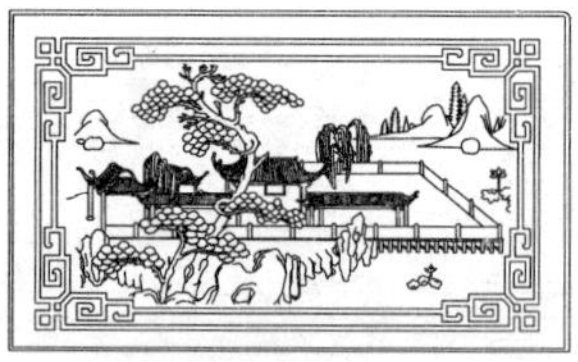

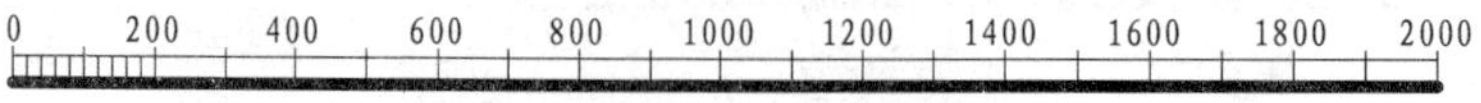

山水勾子纹书写桌

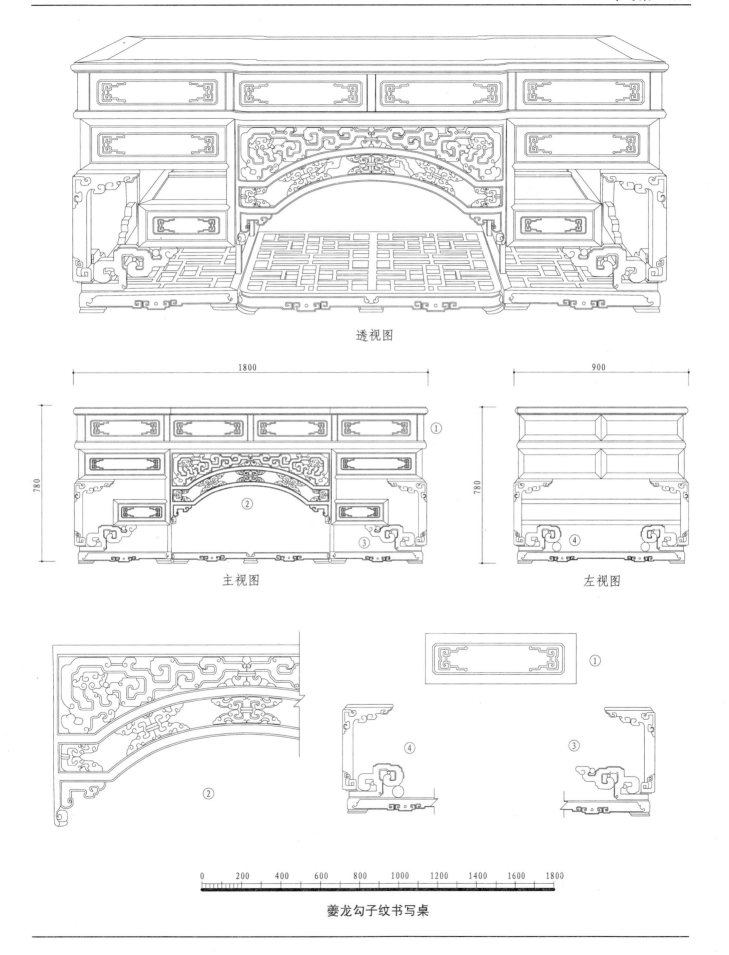

透视图

1800

900

780

780

① ② ③ ④

主视图

左视图

① ② ③ ④

0 200 400 600 800 1000 1200 1400 1600 1800

夔龙勾子纹书写桌

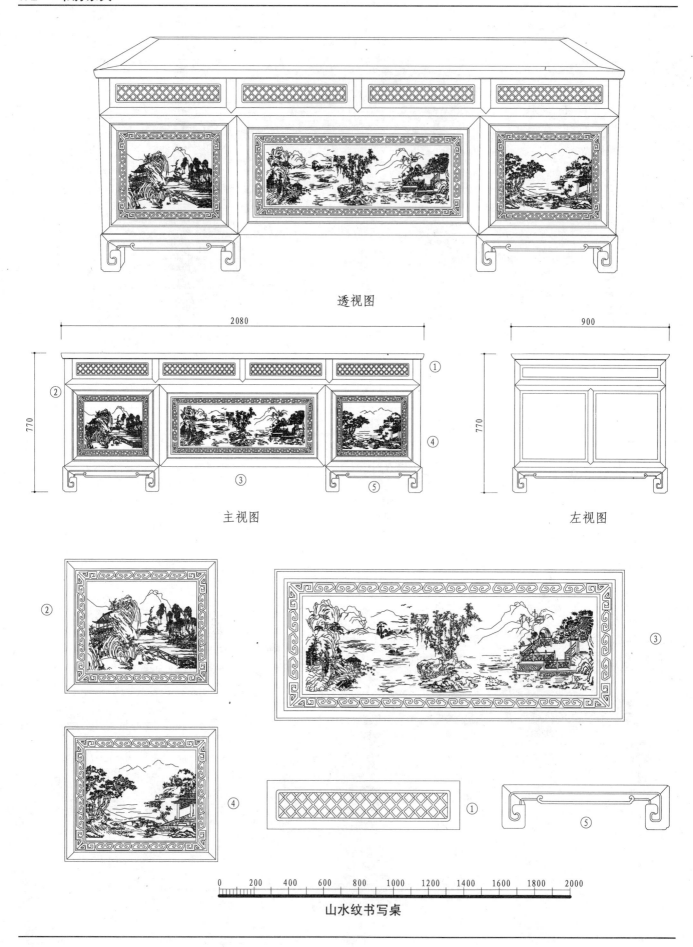

透视图

2080

770

① ② ③ ④ ⑤

主视图

900

770

左视图

② ③ ④ ① ⑤

0　200　400　600　800　1000　1200　1400　1600　1800　2000

山水纹书写桌

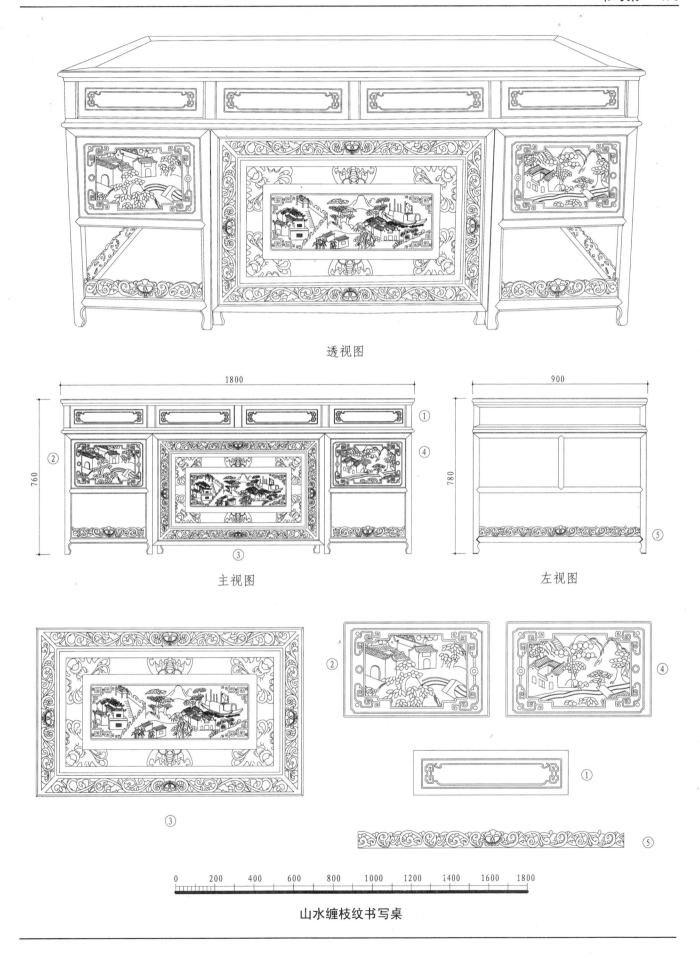

透视图

1800

760

①

②

③

④

主视图

900

780

⑤

左视图

②

④

①

③

⑤

0   200   400   600   800   1000   1200   1400   1600   1800

山水缠枝纹书写桌

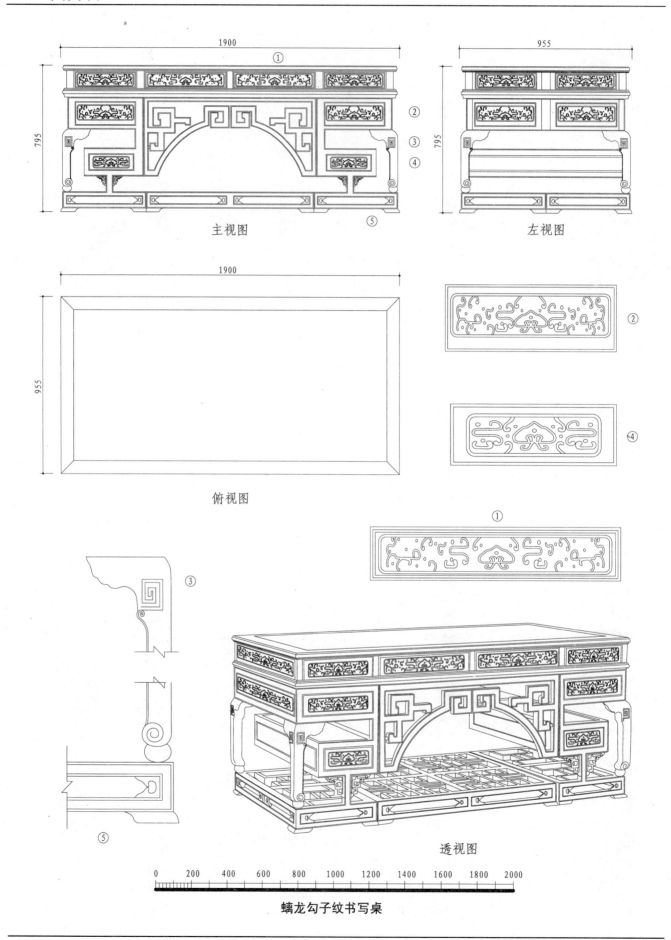

主视图

左视图

俯视图

透视图

螭龙勾子纹书写桌

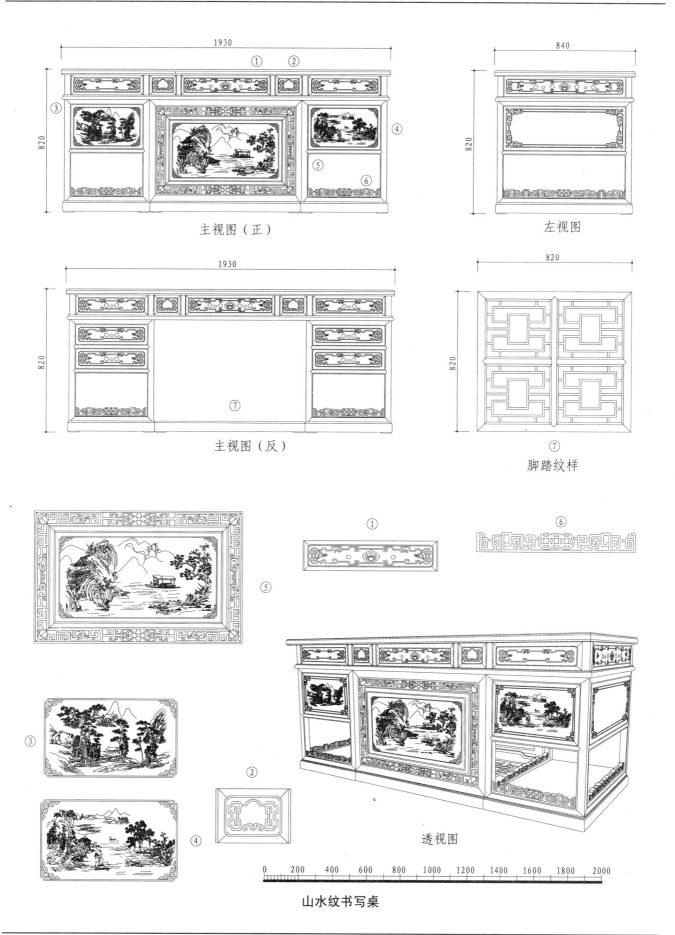

主视图（正）

左视图

主视图（反）

⑦

脚踏纹样

⑤

①

⑥

③

②

④

透视图

0 200 400 600 800 1000 1200 1400 1600 1800 2000

山水纹书写桌

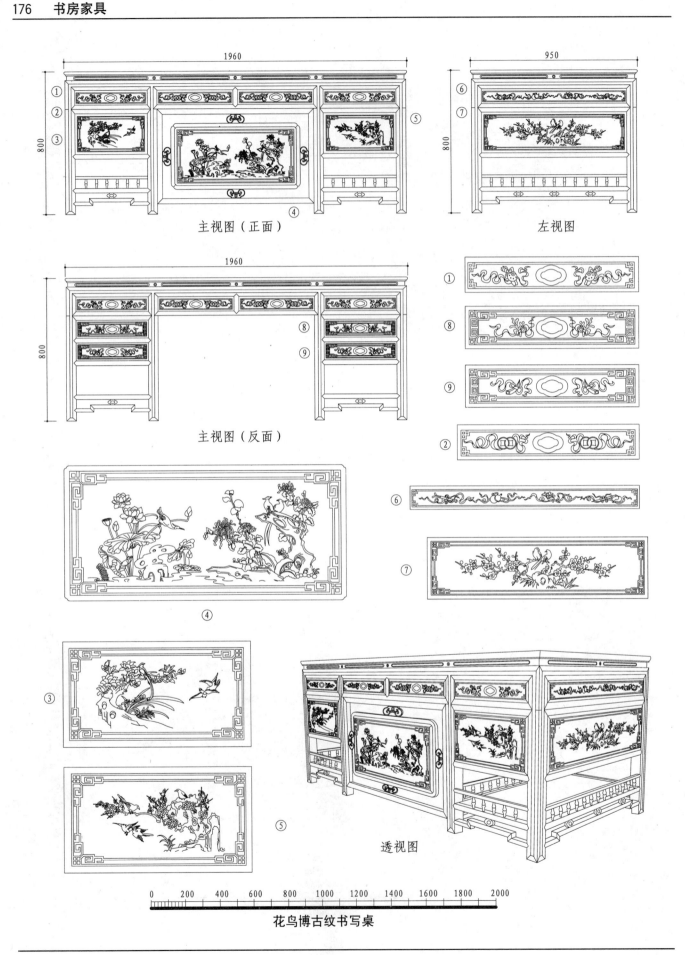

主视图（正面）

左视图

主视图（反面）

花鸟博古纹书写桌

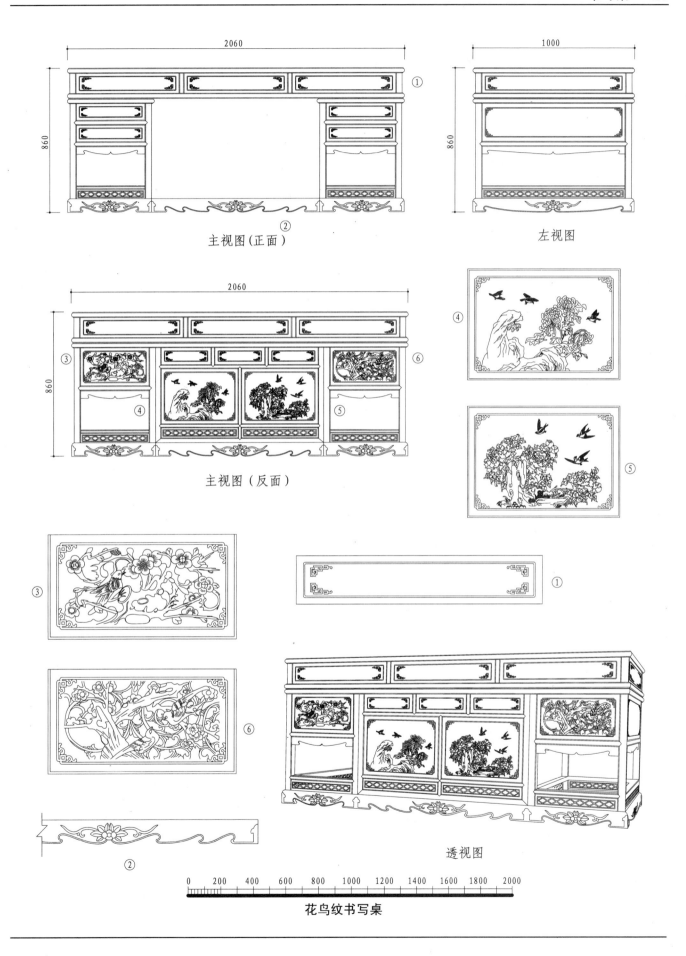

主视图（正面）

左视图

主视图（反面）

透视图

花鸟纹书写桌

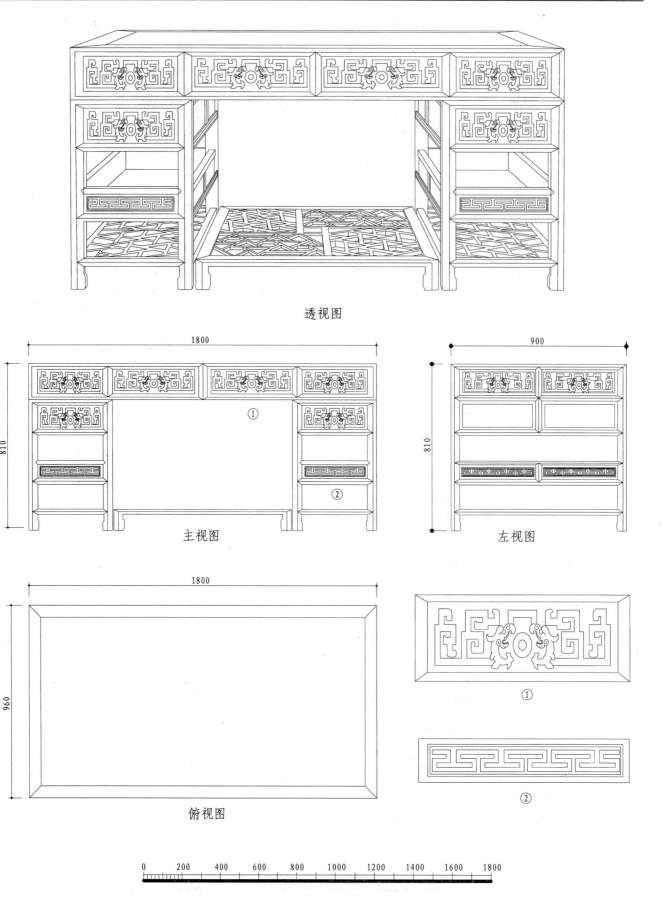

透视图

1800

810

主视图

900

810

左视图

1800

960

俯视图

①

②

0　200　400　600　800　1000　1200　1400　1600　1800

夔龙拐子纹书写桌

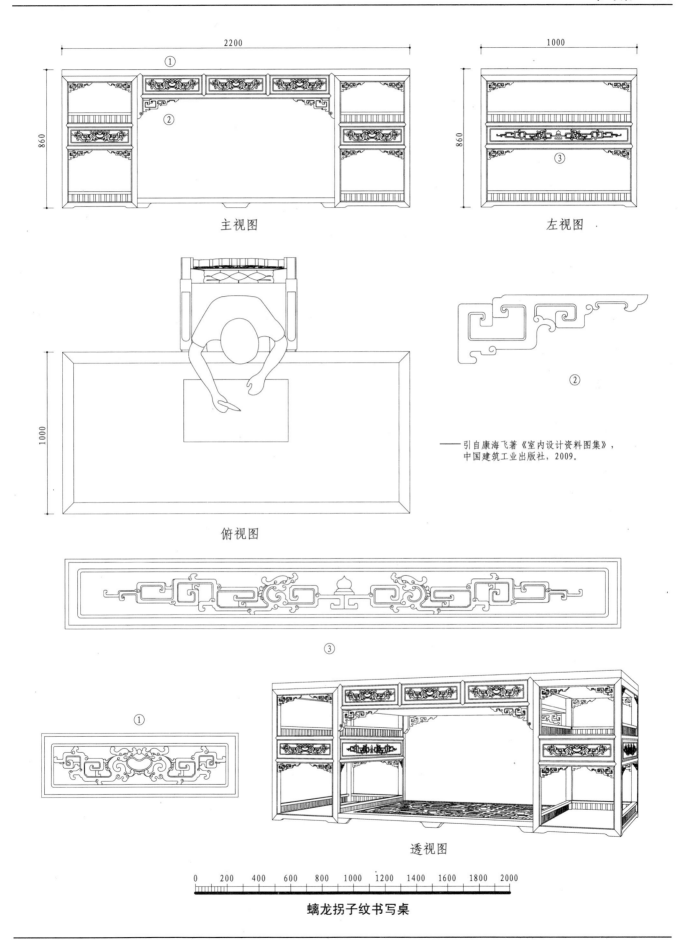

2200

860

主视图

1000

860

③

左视图

1000

俯视图

②

——引自康海飞著《室内设计资料图集》，
中国建筑工业出版社，2009。

③

①

透视图

0　200　400　600　800　1000　1200　1400　1600　1800　2000

螭龙拐子纹书写桌

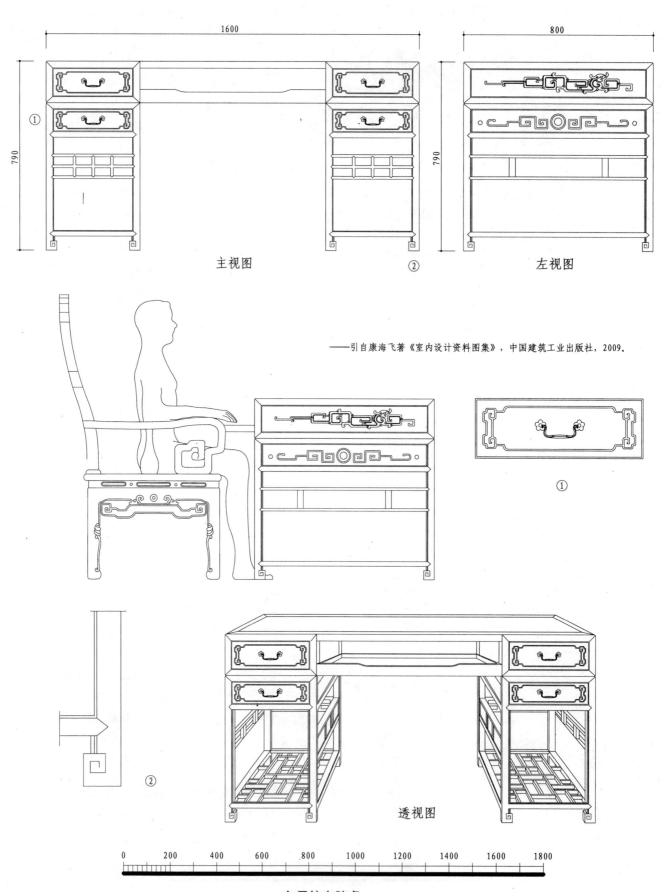

1600

800

790

790

① ②

主视图 左视图

——引自康海飞著《室内设计资料图集》，中国建筑工业出版社，2009。

①

②

透视图

| 0 | 200 | 400 | 600 | 800 | 1000 | 1200 | 1400 | 1600 | 1800 |

勾子纹电脑桌

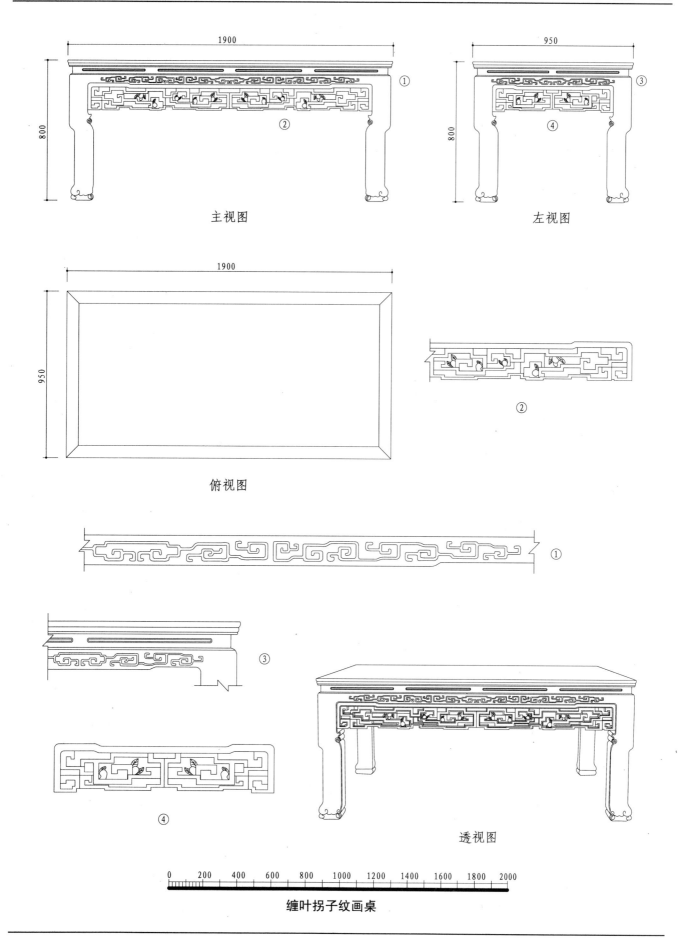

主视图

左视图

俯视图

②

①

③

④

透视图

缠叶拐子纹画桌

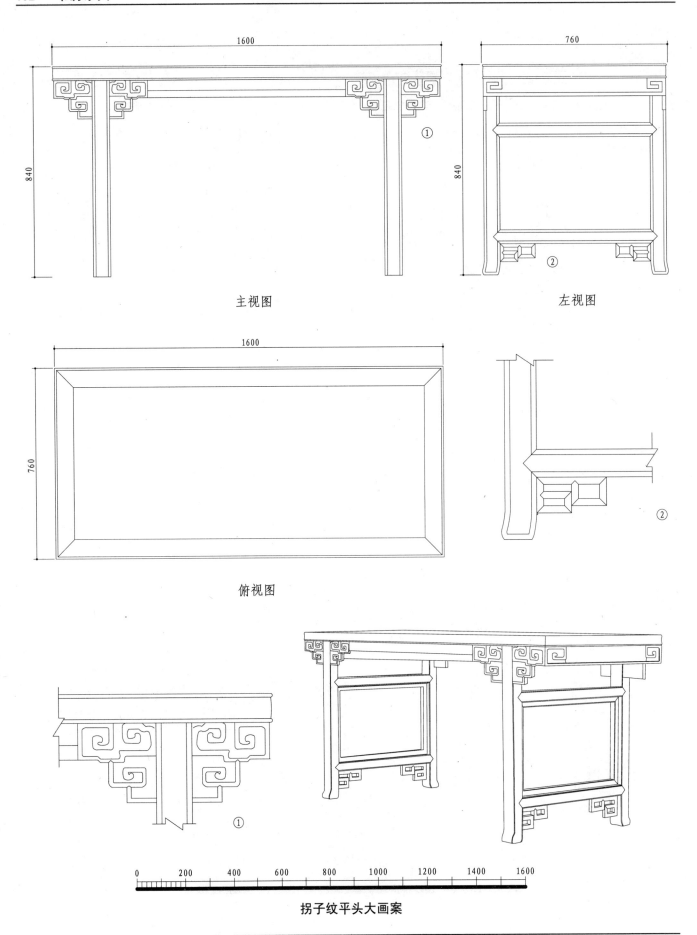

主视图

左视图

俯视图

拐子纹平头大画案

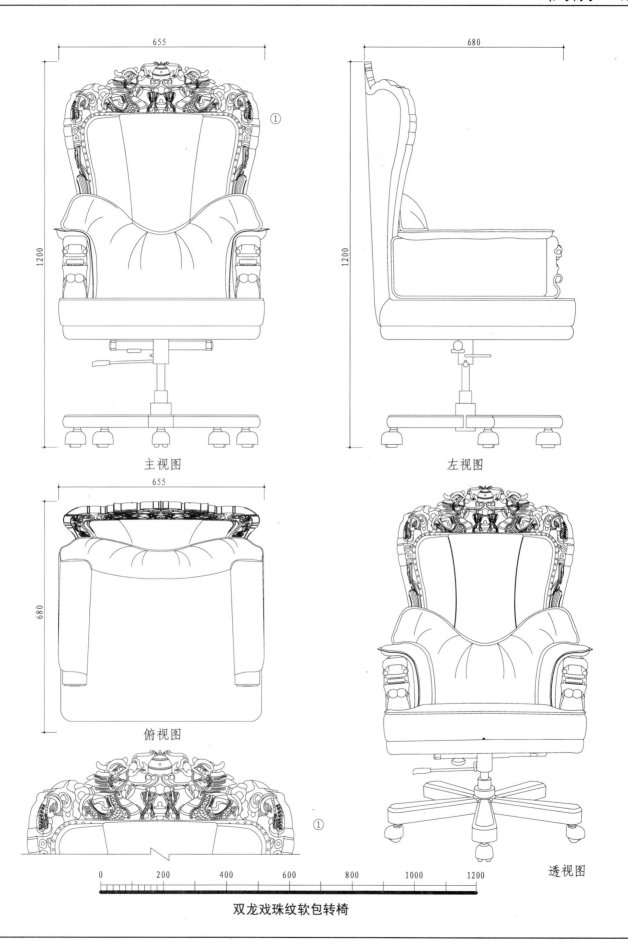

主视图

左视图

俯视图

透视图

0　　　200　　　400　　　600　　　800　　　1000　　　1200

双龙戏珠纹软包转椅

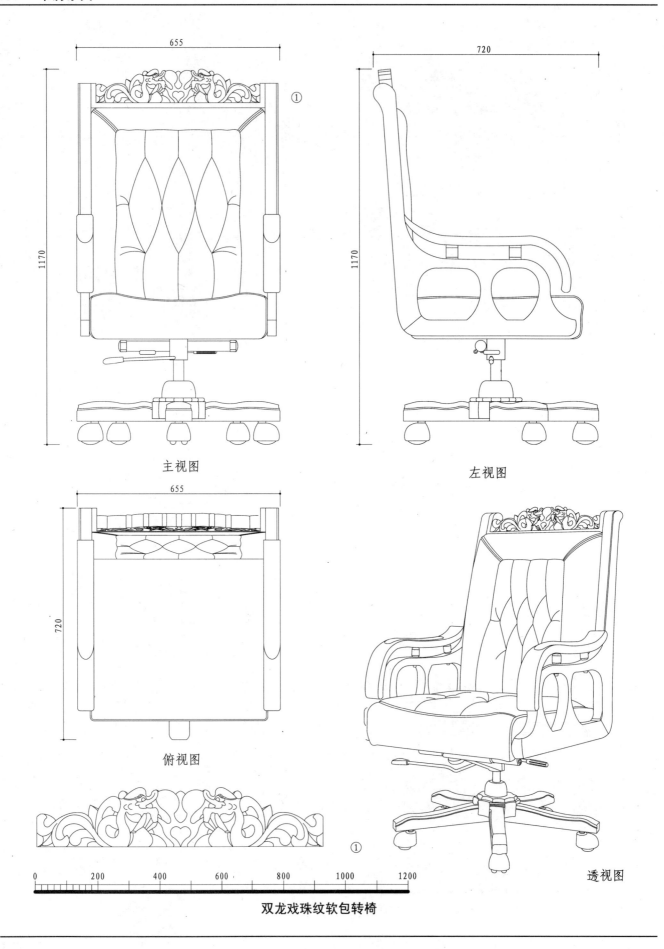

655

1170

主视图

720

1170

左视图

655

720

俯视图

①

透视图

0　　200　　400　　600　　800　　1000　　1200

双龙戏珠纹软包转椅

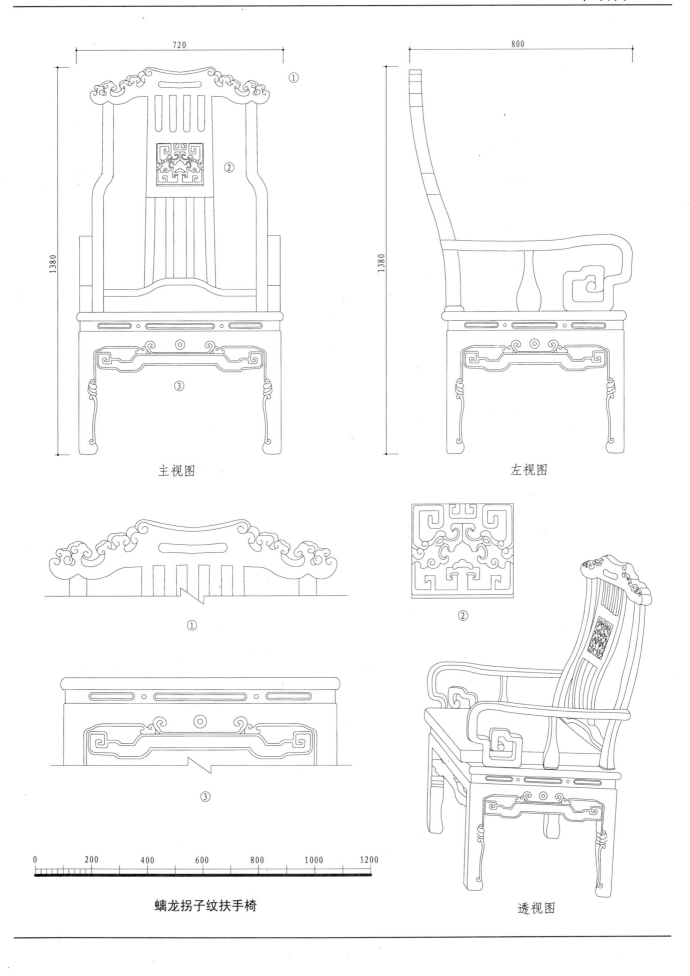

主视图

左视图

①

②

③

蟠龙拐子纹扶手椅

透视图

0　200　400　600　800　1000　1200

675

540

1150

1150

① ②

③

④

⑤

⑥

④ ②

⑦

⑦

主视图

左视图

①

③

⑤

⑥

透视图

0   200   400   600   800   1000   1200

螭龙祥云纹扶手椅

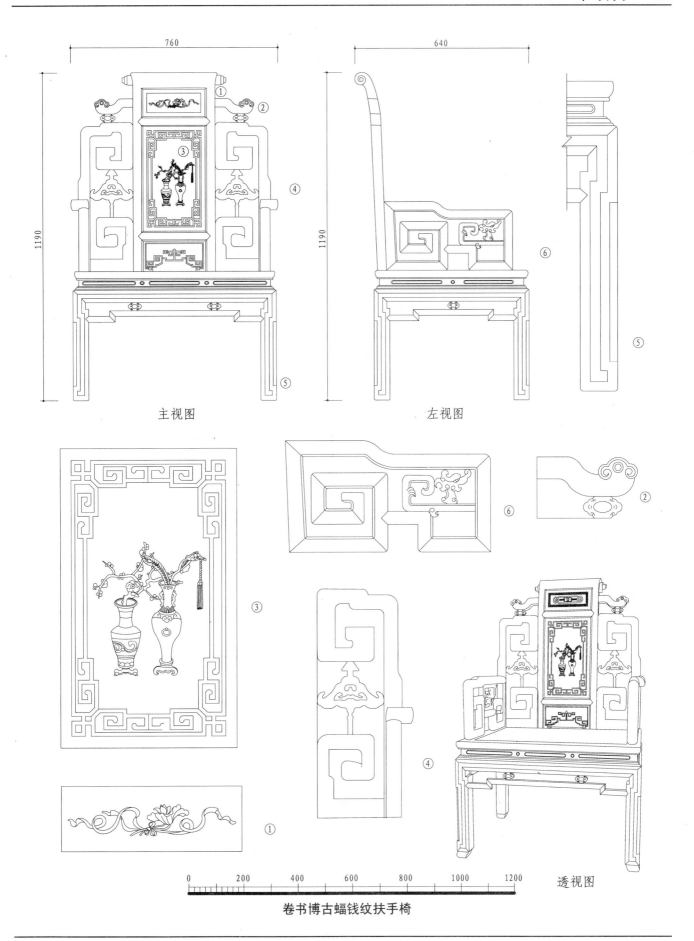

760

640

1190

1190

① ② ④ ⑤

⑥ ⑤

主视图

左视图

③

⑥ ②

④

①

0　200　400　600　800　1000　1200

透视图

卷书博古蝠钱纹扶手椅

700

550

①

1070

1070

主视图

左视图

④

②

③

⑤

透视图

0　　200　　400　　600　　800　　1000　　1200

博古螭龙花草纹扶手椅

700

540

1090

1090

② ③ ④

② ④

① 主视图

左视图

③

①

透视图

0　200　400　600　800　1000　1200

夔龙纹扶手椅

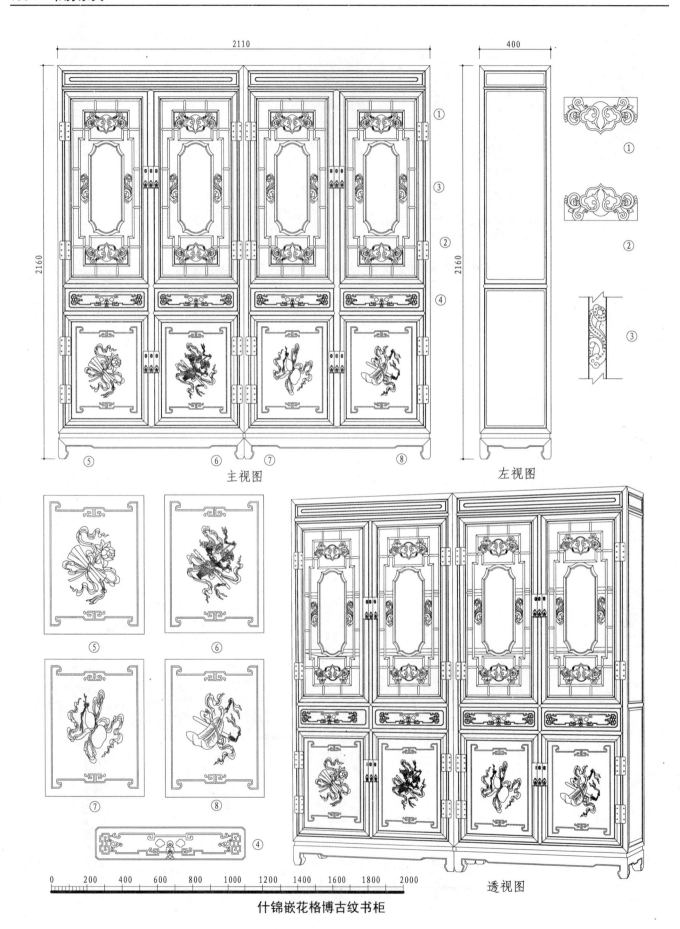

主视图

左视图

透视图

什锦嵌花格博古纹书柜

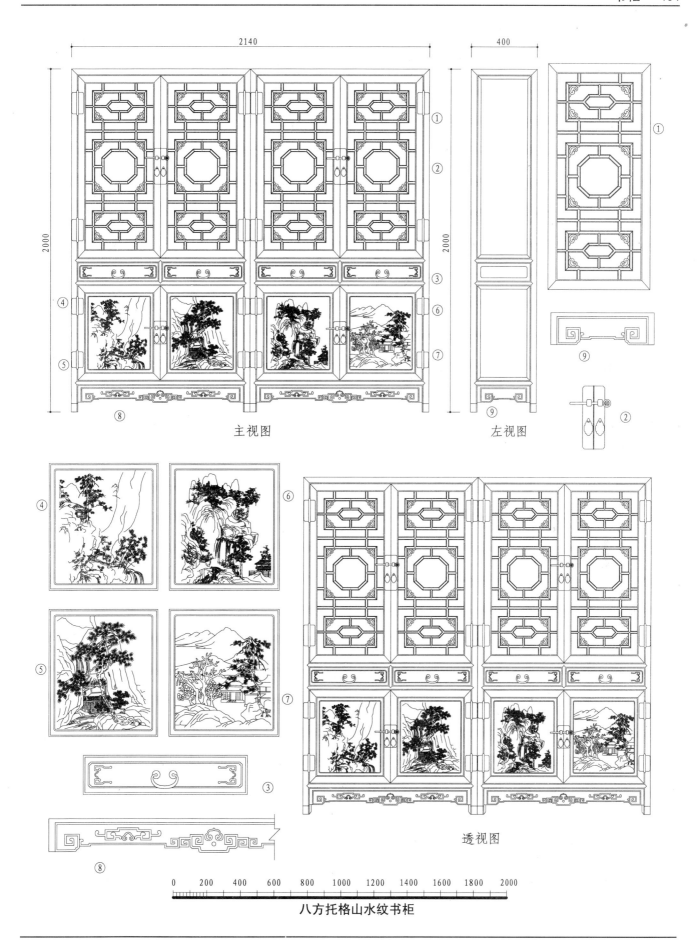

主视图

左视图

透视图

八方托格山水纹书柜

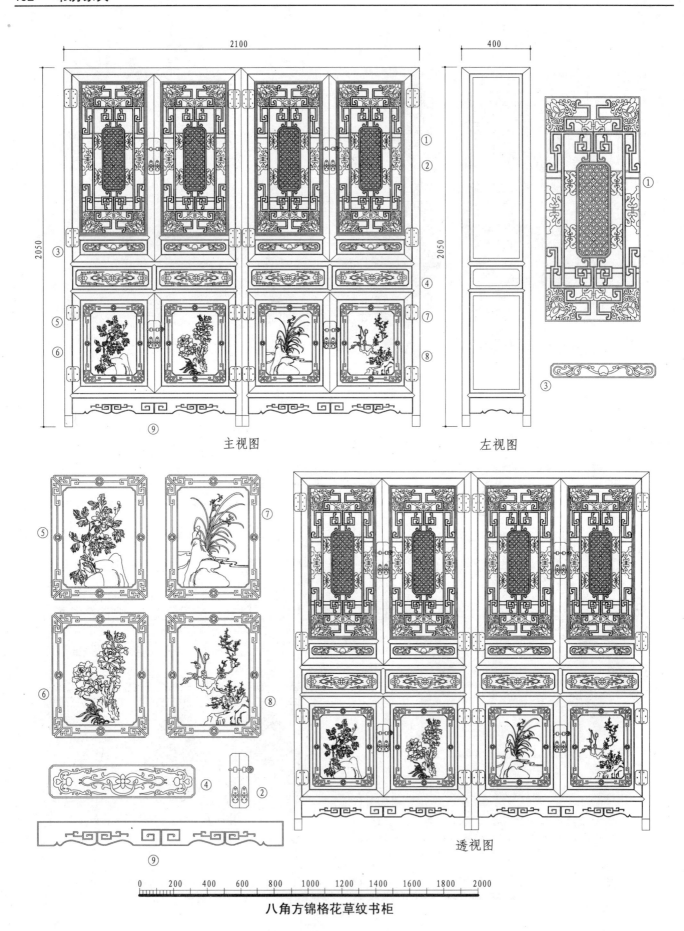

主视图

左视图

八角方锦格花草纹书柜

透视图

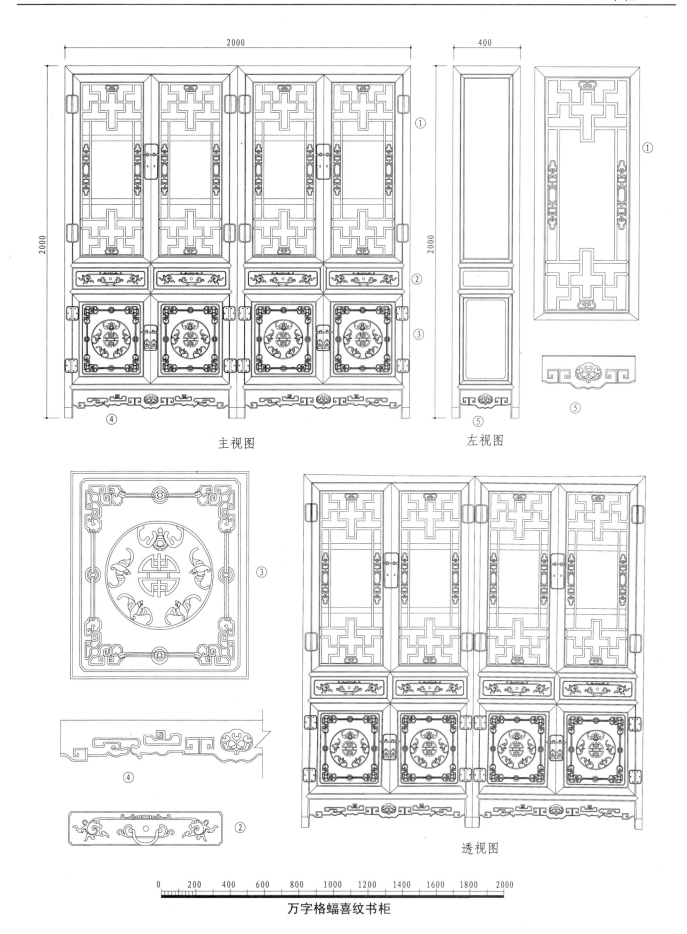

2000

2000

400

2000

① ② ③ ④ ⑤

主视图

左视图

③ ④ ②

透视图

0 200 400 600 800 1000 1200 1400 1600 1800 2000

万字格蝠喜纹书柜

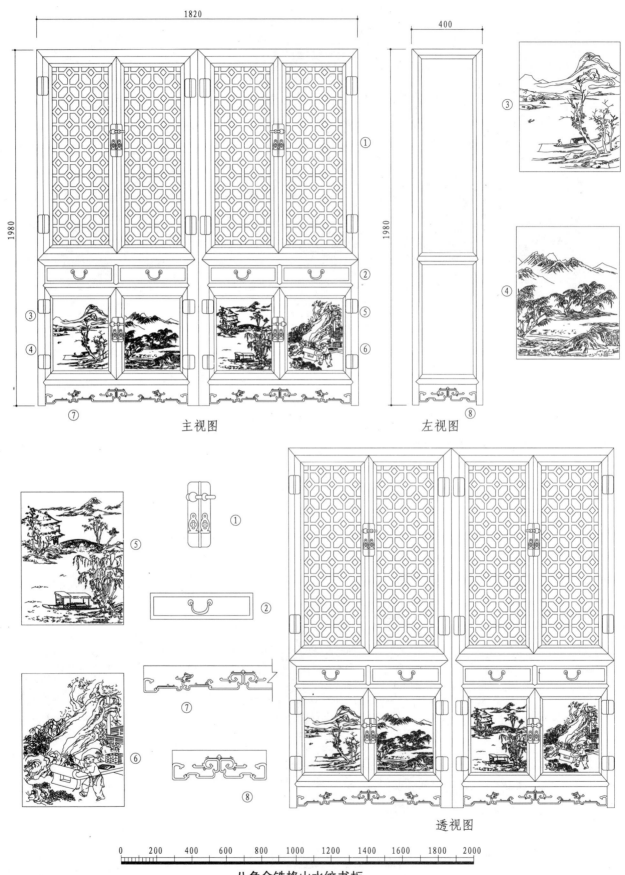

主视图

左视图

透视图

八角金铁格山水纹书柜

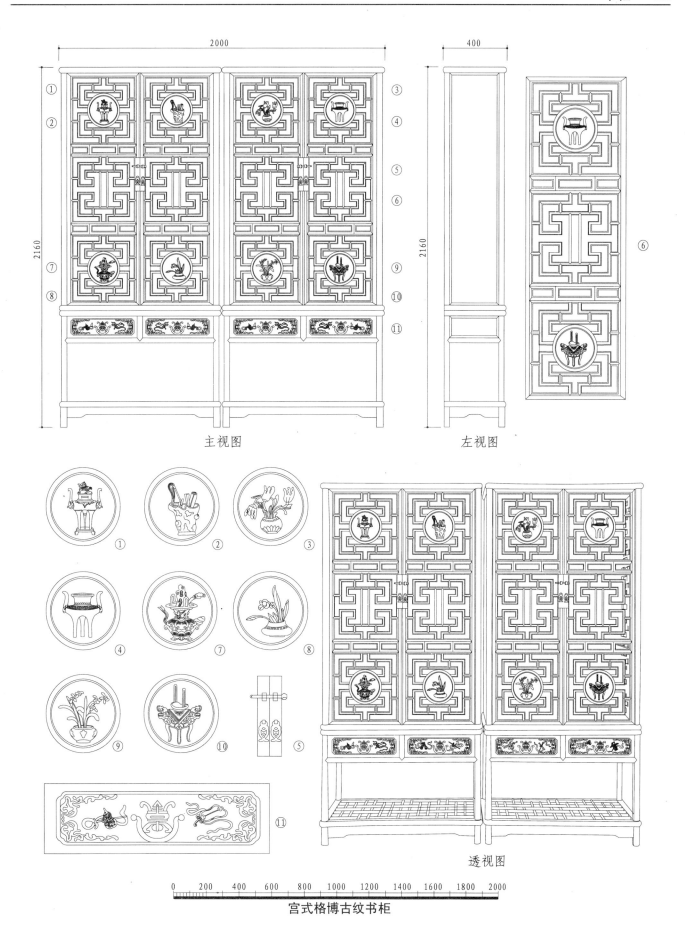

2000

400

2160

2160

① ② ③ ④ ⑤ ⑥ ⑦ ⑧ ⑨ ⑩ ⑪

⑥

主视图　　　　左视图

① ② ③

④ ⑦ ⑧

⑨ ⑩ ⑤

⑪

透视图

0　200　400　600　800　1000　1200　1400　1600　1800　2000

宫式格博古纹书柜

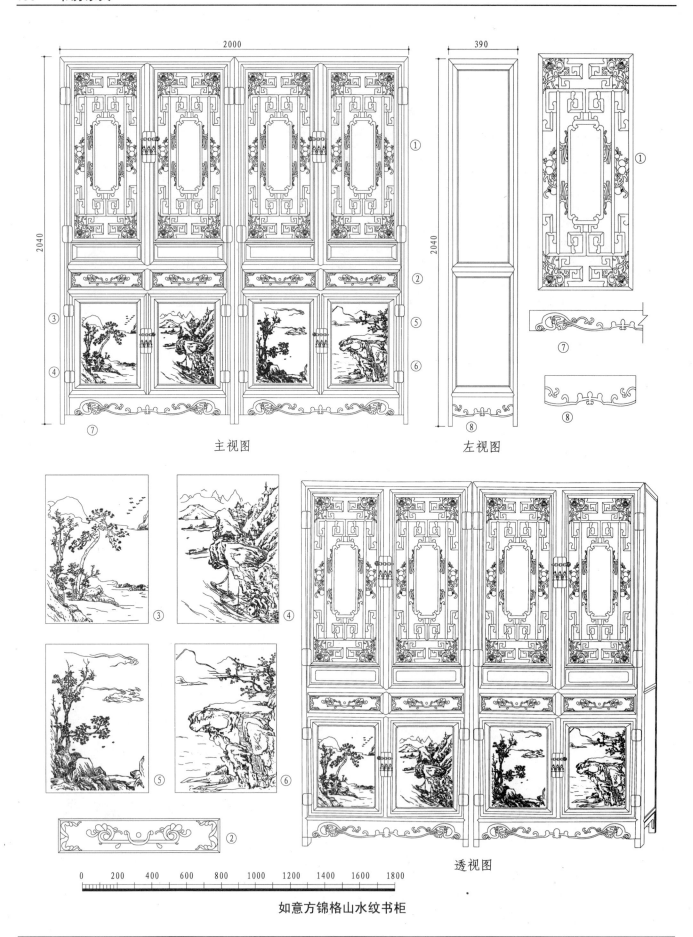

主视图

左视图

透视图

如意方锦格山水纹书柜

2000

2850

①
②
③
④
⑤
⑥
⑦
⑧

主视图

400

2850

②

⑨
⑨

左视图

④
⑤
⑥
⑦

③
⑧

①

透视图

0 200 400 600 800 1000 1200 1400 1600 1800 2000

如意格山水纹书柜

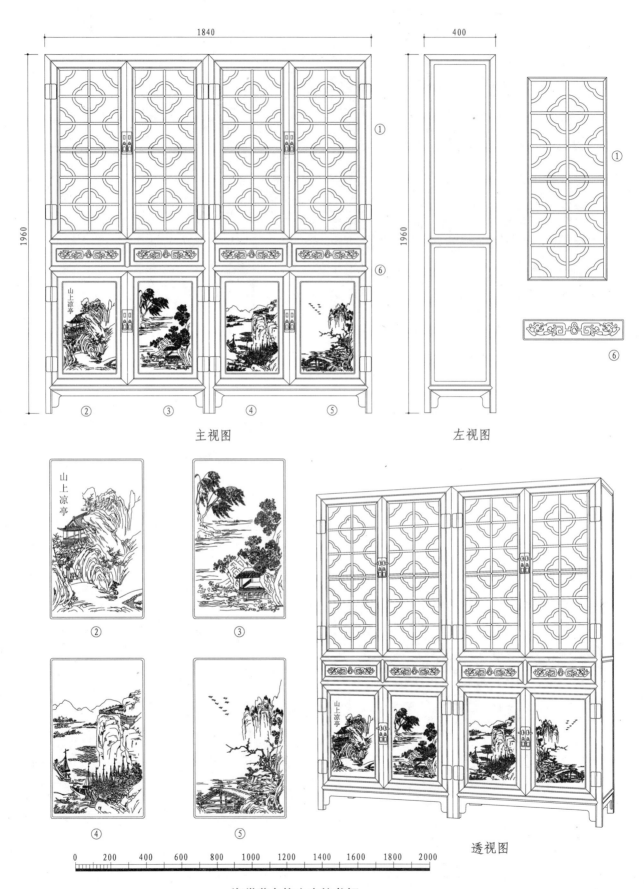

主视图

左视图

②

③

④

⑤

透视图

海棠菱角格山水纹书柜

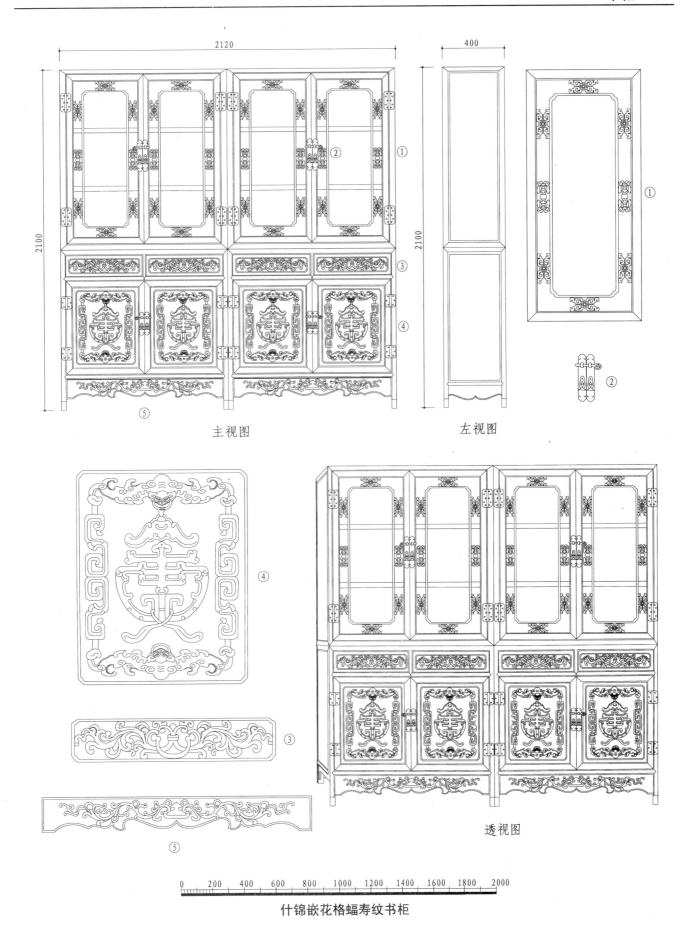

2120

2100

①
②
③
④
⑤

主视图

400

2100

左视图

①
②

④

③

⑤

透视图

0　200　400　600　800　1000　1200　1400　1600　1800　2000

什锦嵌花格蝠寿纹书柜

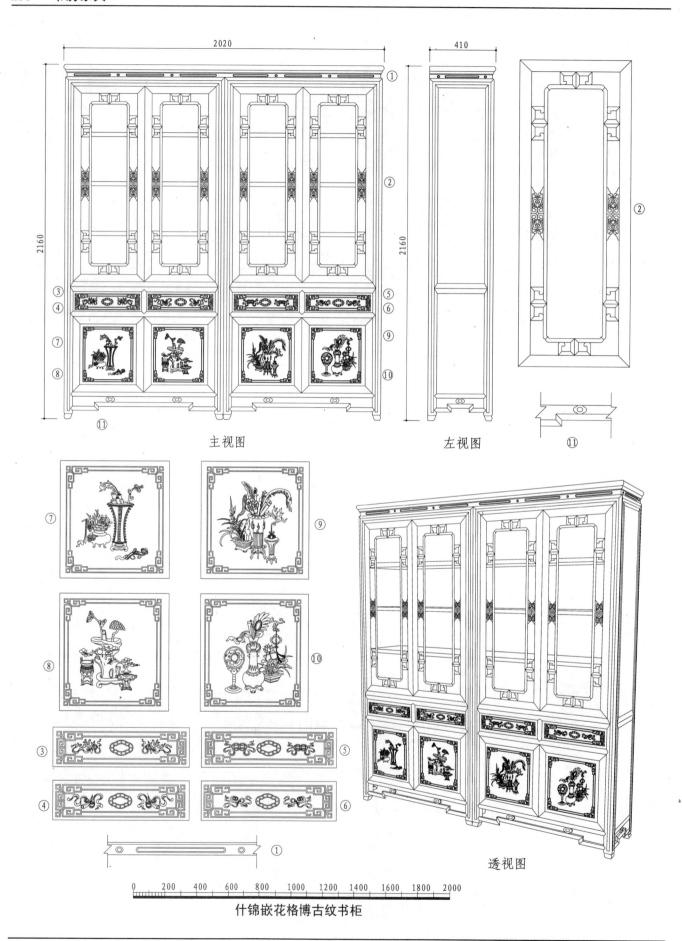

主视图

左视图

透视图

什锦嵌花格博古纹书柜

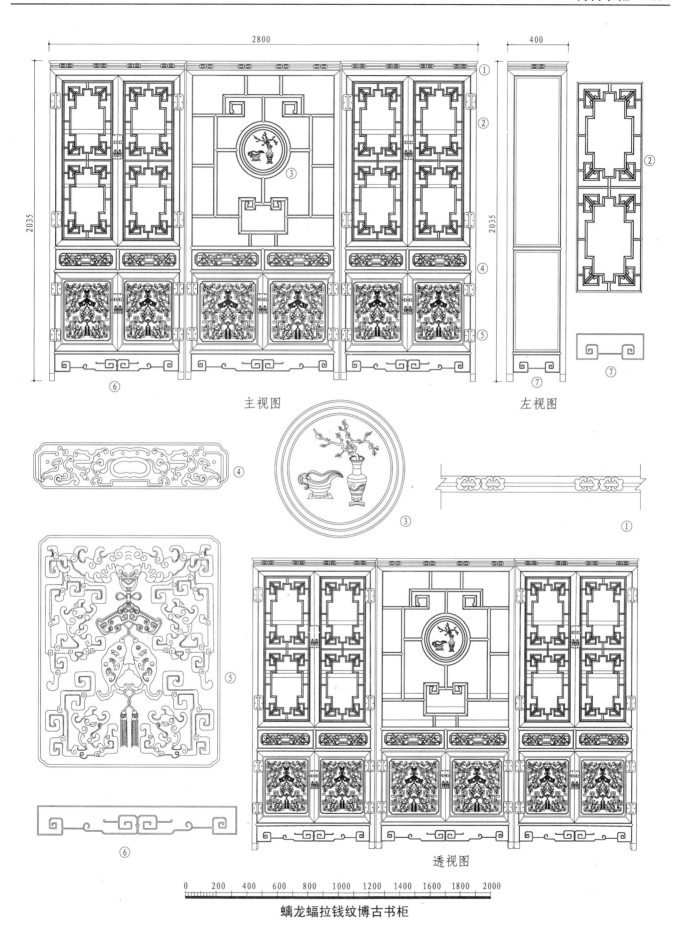

2800

2035

2035

400

① ② ③ ④ ⑤ ⑥ ⑦

主视图

左视图

④

③

①

⑤

⑥

透视图

0　200　400　600　800　1000　1200　1400　1600　1800　2000

螭龙蝠拉钱纹博古书柜

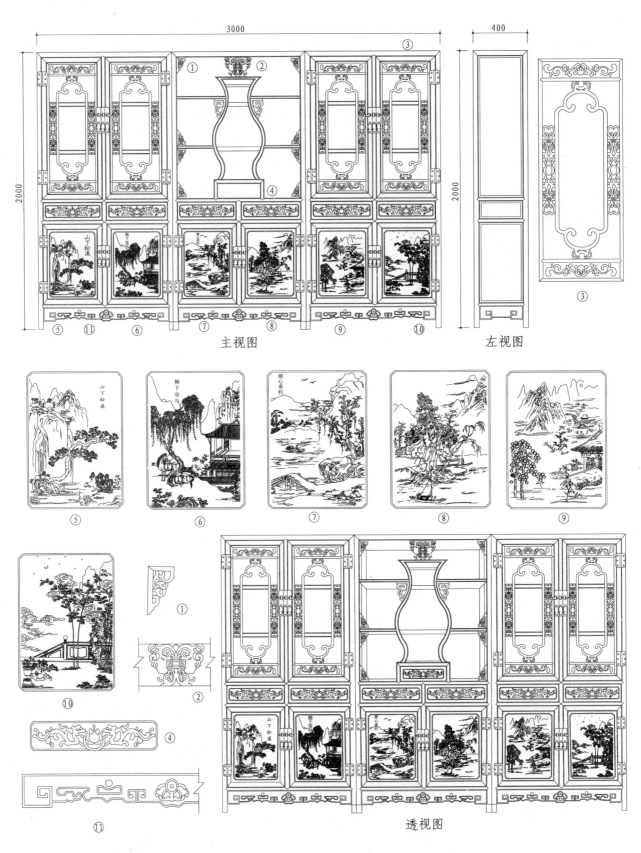

主视图

左视图

如意宝瓶格山水纹博古书柜

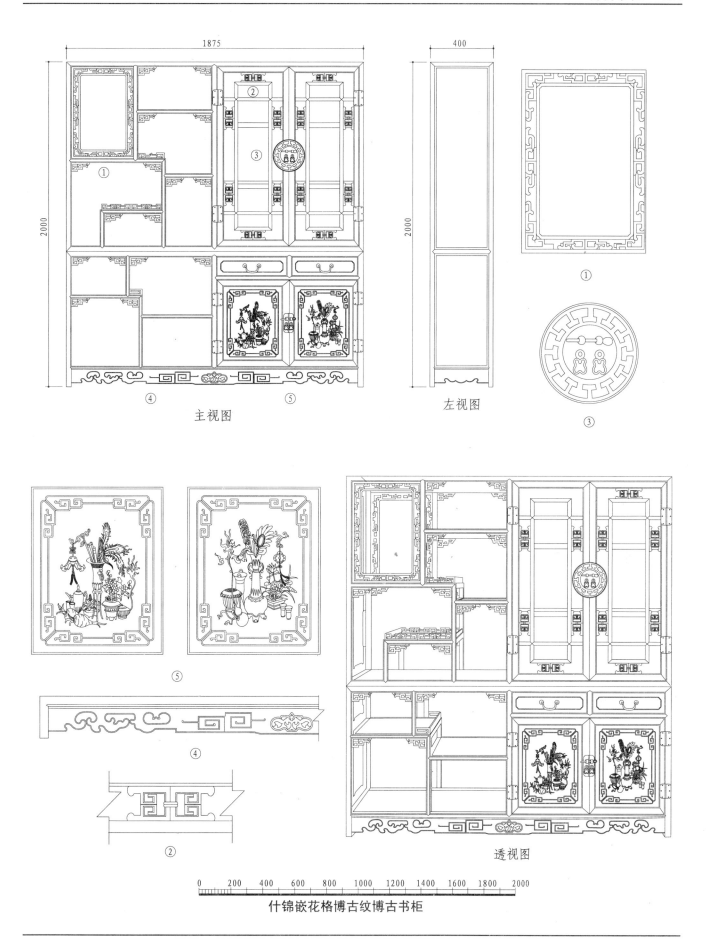

主视图

左视图

①

③

⑤

④

②

透视图

什锦嵌花格博古纹博古书柜

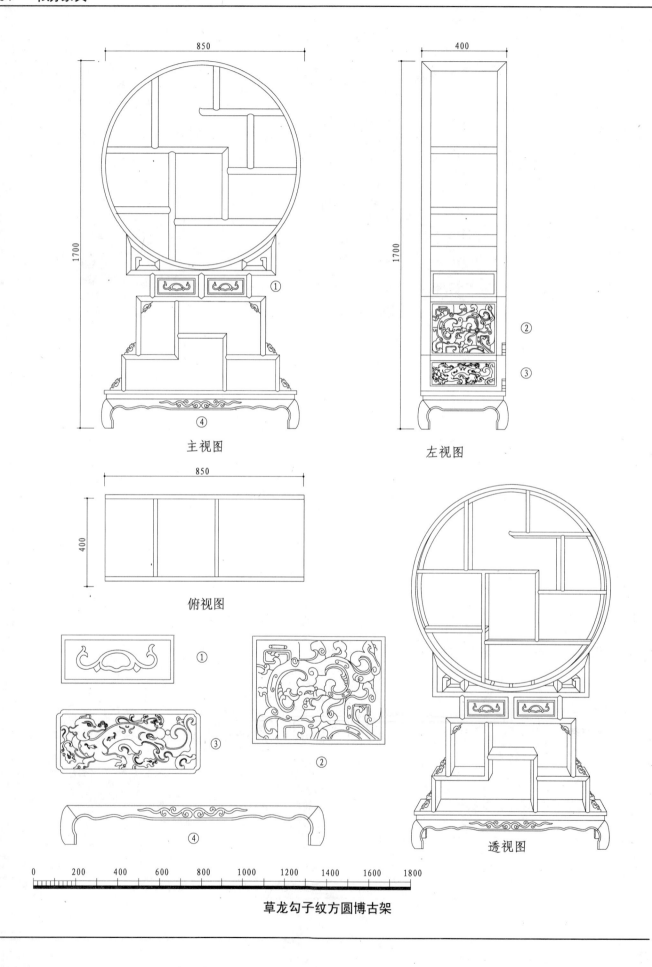

主视图

左视图

俯视图

①
②
③
④

0 200 400 600 800 1000 1200 1400 1600 1800

草龙勾子纹方圆博古架

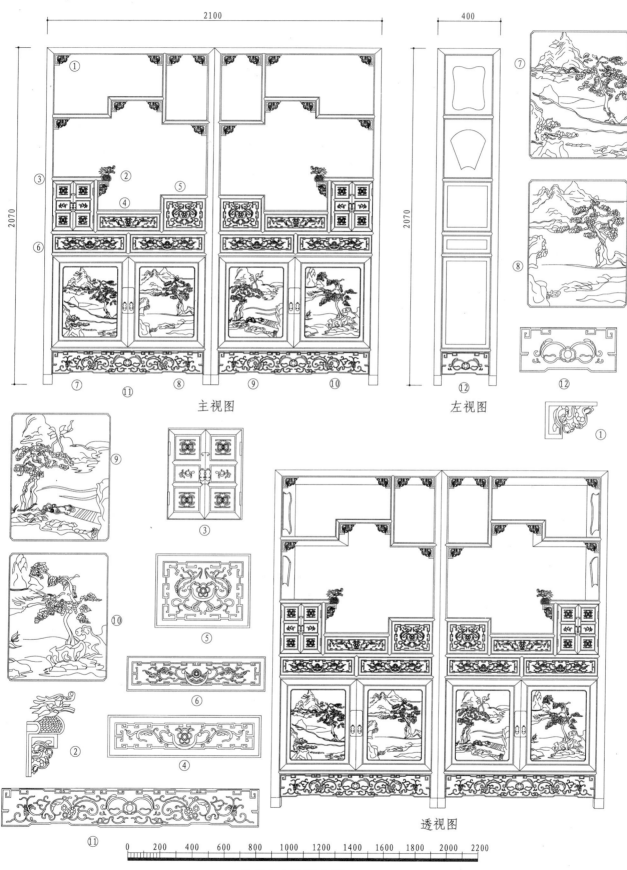

主视图

左视图

透视图

龙云山水纹博古柜

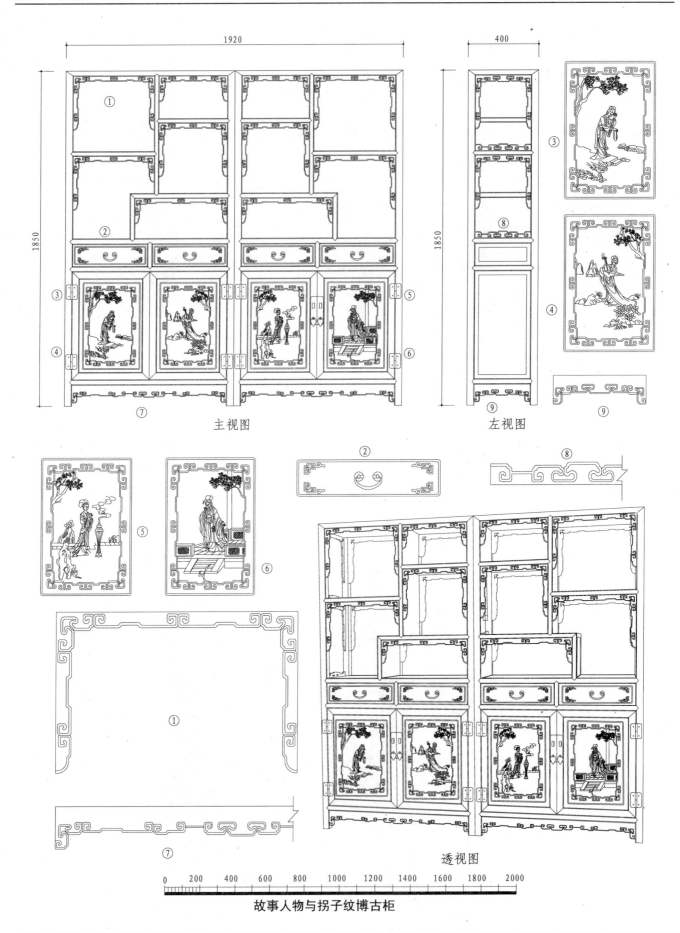

1920

400

1850

1850

① ② ③ ④ ⑤ ⑥ ⑦

主视图

⑧ ⑨

左视图

③ ④ ⑤ ⑥ ⑦ ⑨

② ⑧

①

透视图

0 200 400 600 800 1000 1200 1400 1600 1800 2000

故事人物与拐子纹博古柜

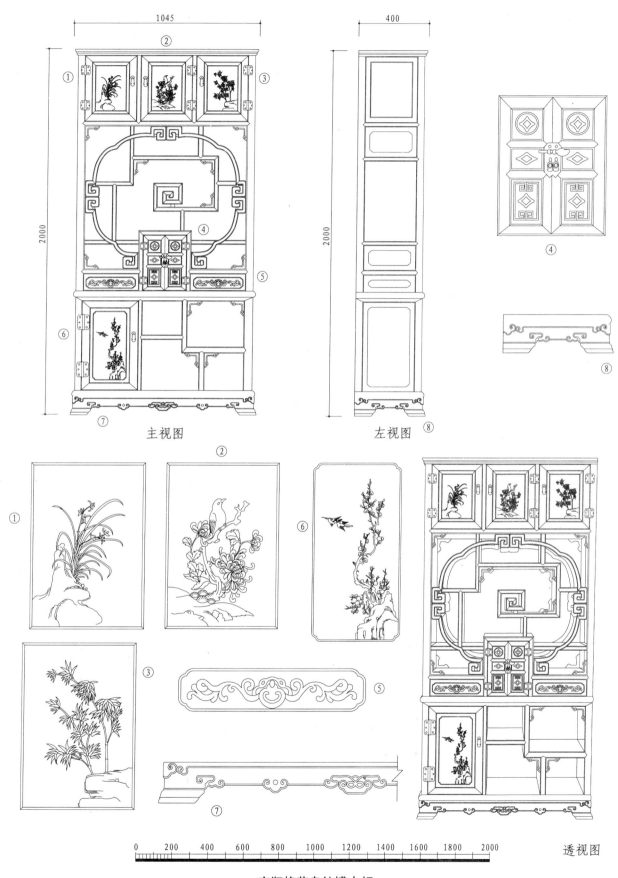

主视图

左视图

透视图

宝瓶格花鸟纹博古柜

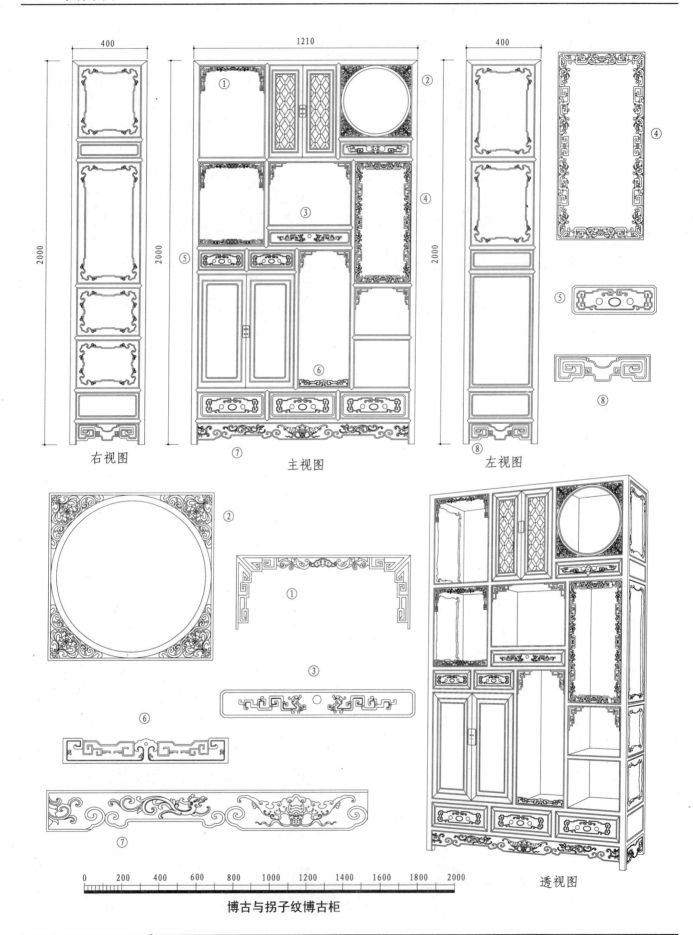

右视图

主视图

左视图

透视图

博古与拐子纹博古柜

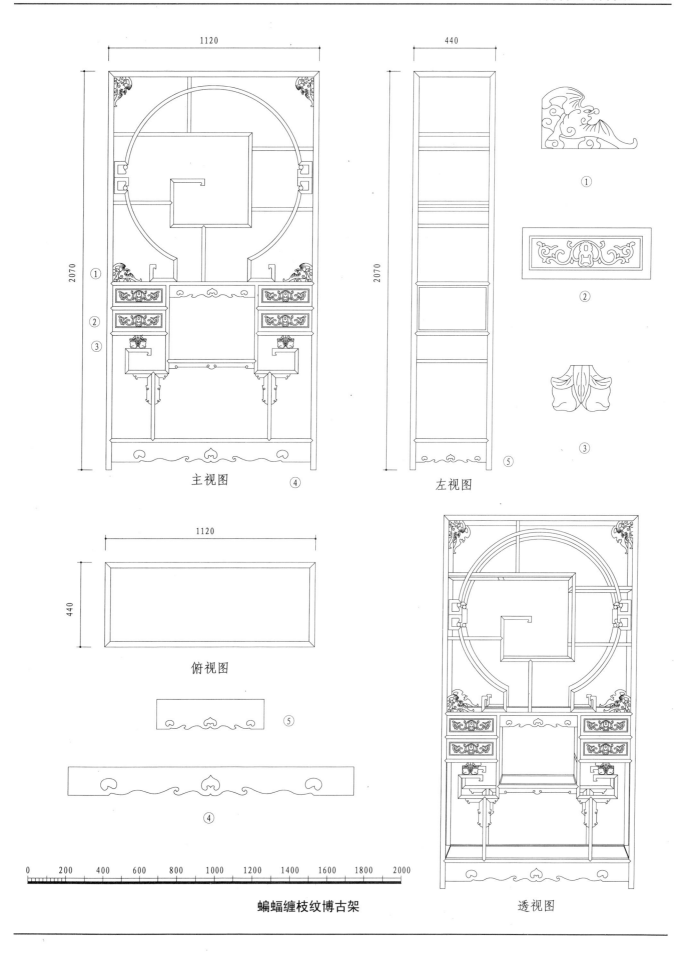

主视图

左视图

俯视图

蝙蝠缠枝纹博古架

透视图

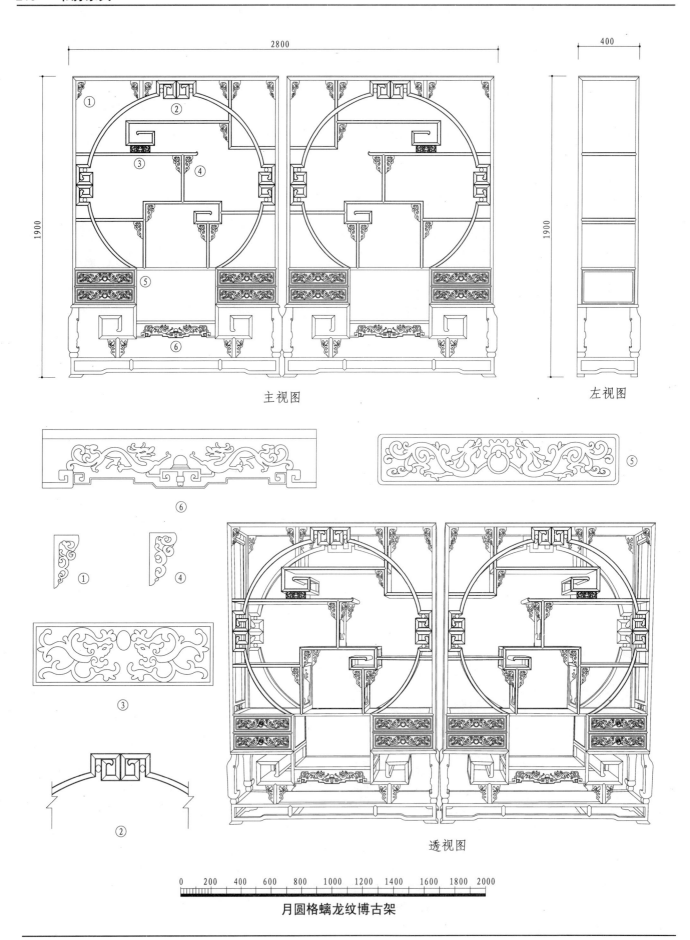

主视图

左视图

⑥

①　④

③

②

透视图

月圆格螭龙纹博古架

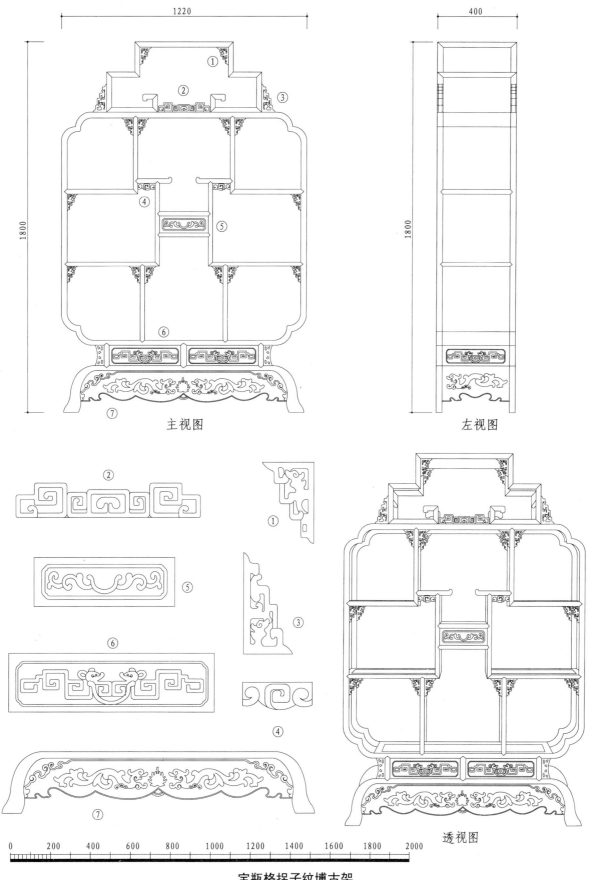

1220

400

1800

1800

① ② ③ ④ ⑤ ⑥ ⑦

主视图

左视图

② ⑤ ⑥ ⑦

① ③ ④

透视图

0   200   400   600   800   1000   1200   1400   1600   1800   2000

宝瓶格拐子纹博古架

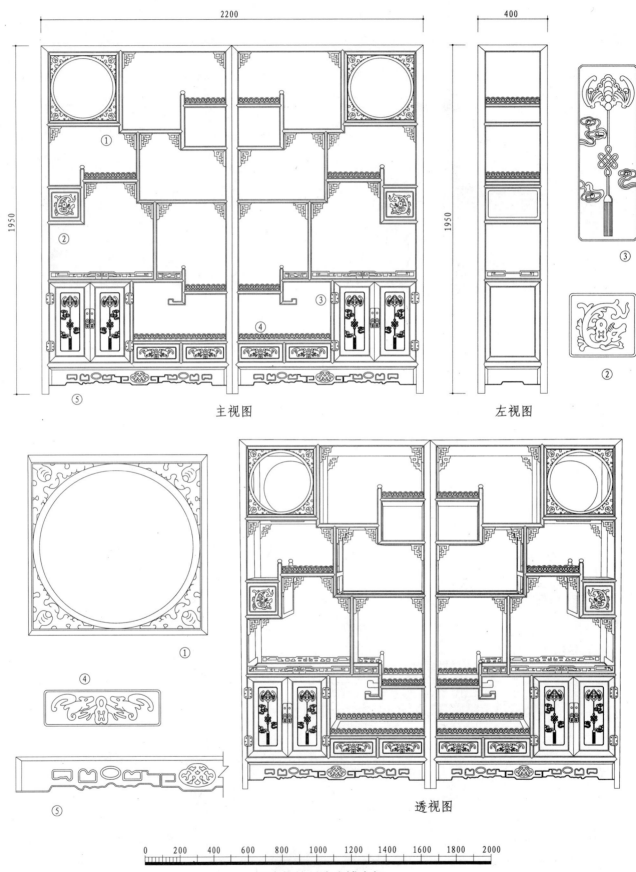

主视图

左视图

透视图

①

②

④

⑤

百吉蝠纹对称式博古架

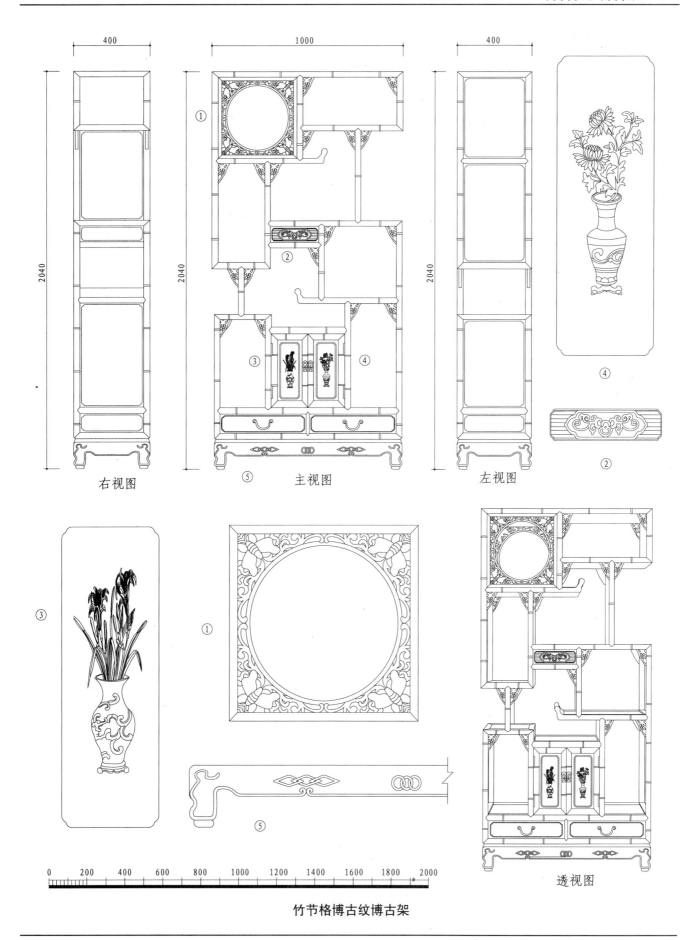

400

1000

400

2040

2040

2040

① ② ③ ④

右视图

⑤ 主视图

左视图

④

②

③

① ⑤

0　200　400　600　800　1000　1200　1400　1600　1800　2000

透视图

竹节格博古纹博古架

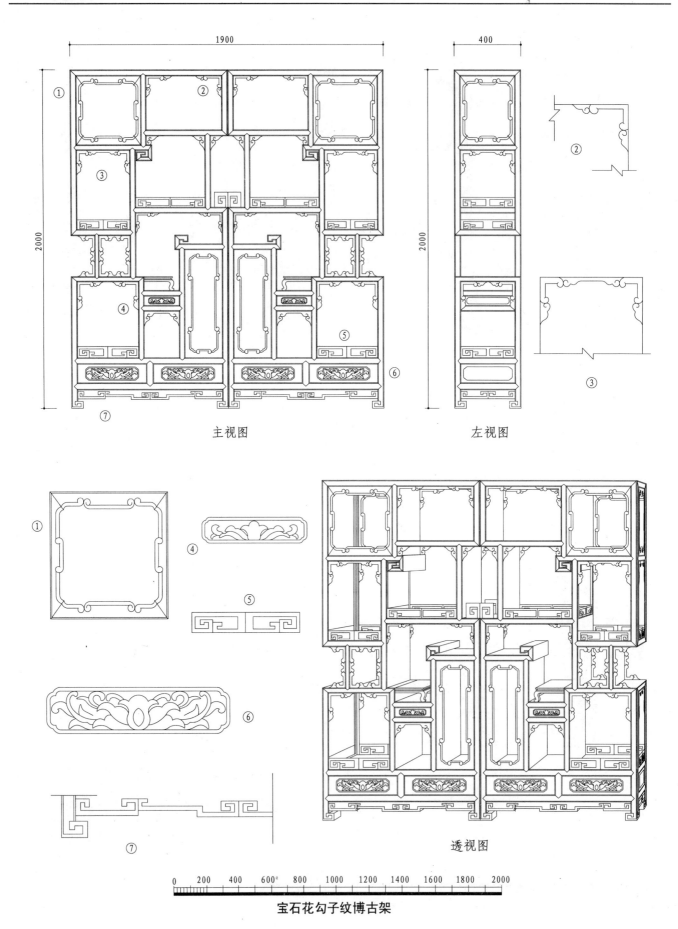

主视图

左视图

宝石花勾子纹博古架

透视图

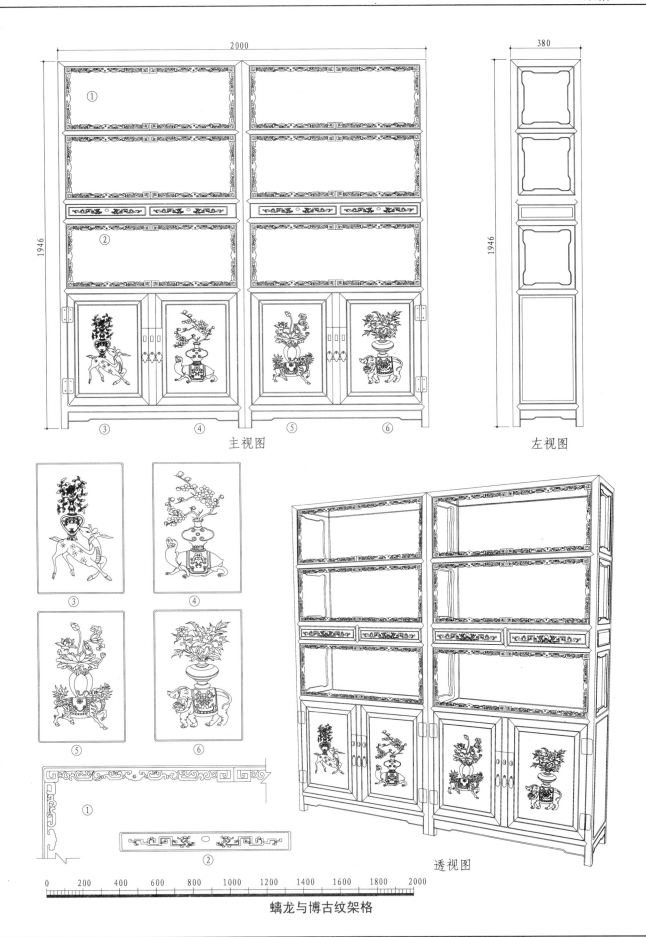

2000

1946

380

1946

① ② ③ ④ ⑤ ⑥

主视图

左视图

③ ④ ⑤ ⑥

① ②

透视图

| 0 | 200 | 400 | 600 | 800 | 1000 | 1200 | 1400 | 1600 | 1800 | 2000 |

螭龙与博古纹架格

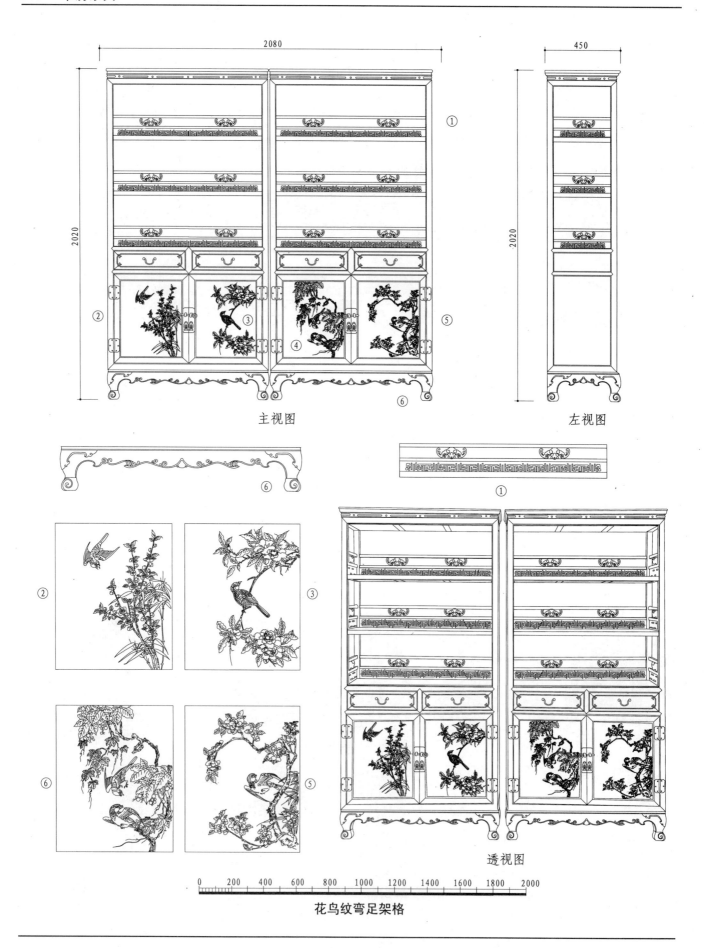

主视图

左视图

透视图

花鸟纹弯足架格

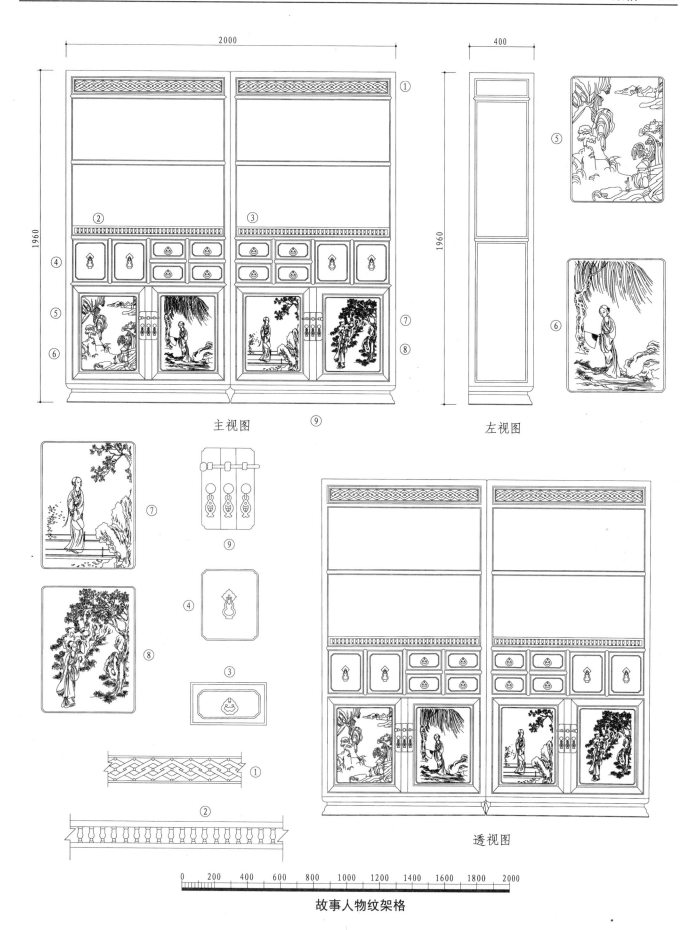

主视图

左视图

透视图

故事人物纹架格

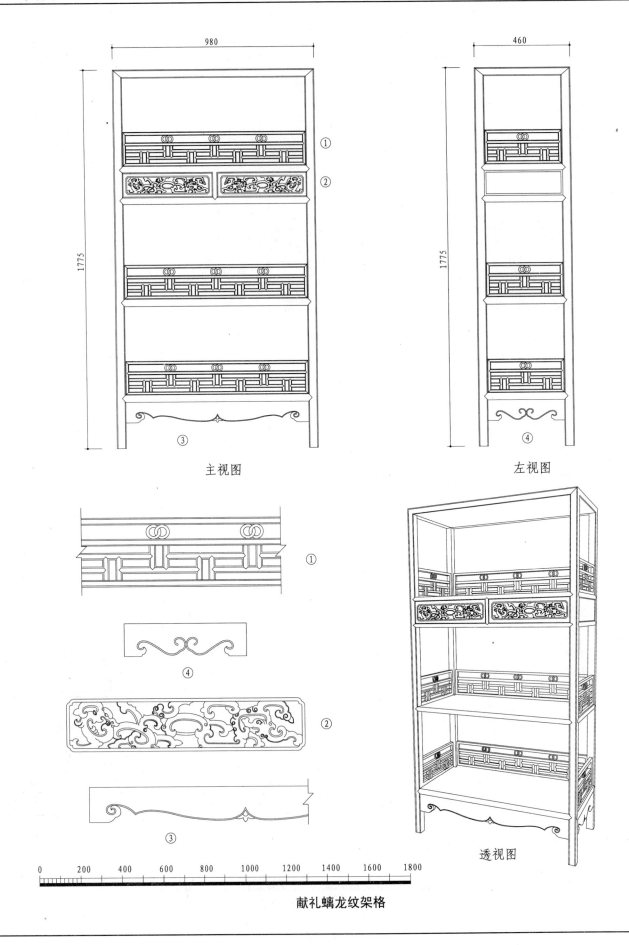

980

1775

①

②

③

主视图

460

1775

④

左视图

①

④

②

③

0　　200　　400　　600　　800　　1000　　1200　　1400　　1600　　1800

透视图

献礼螭龙纹架格

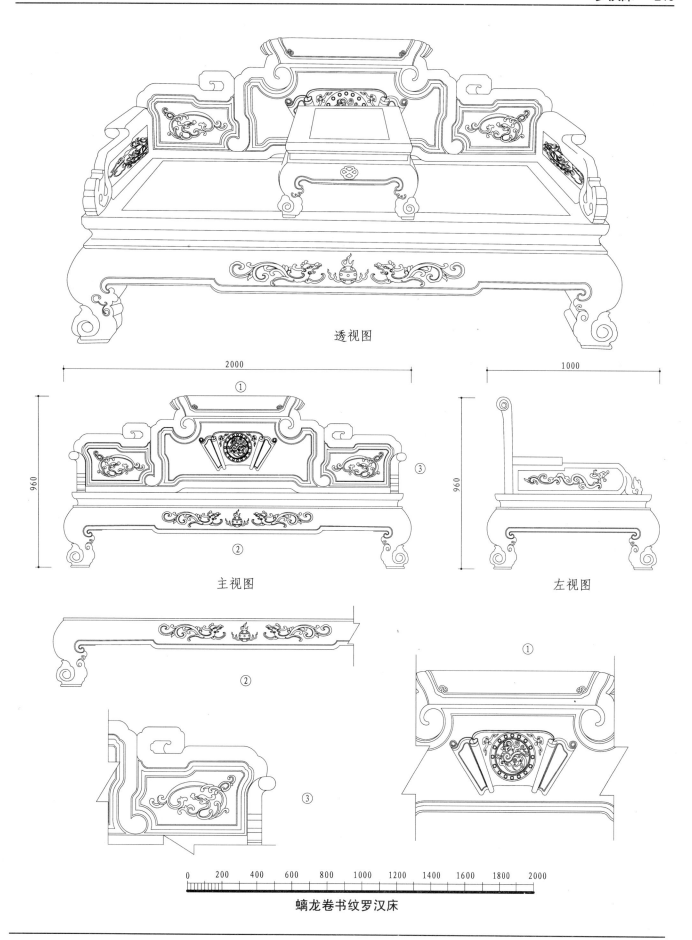

透视图

2000

① ③

② 960

主视图

1000

960

左视图

②

③

①

0　200　400　600　800　1000　1200　1400　1600　1800　2000

螭龙卷书纹罗汉床

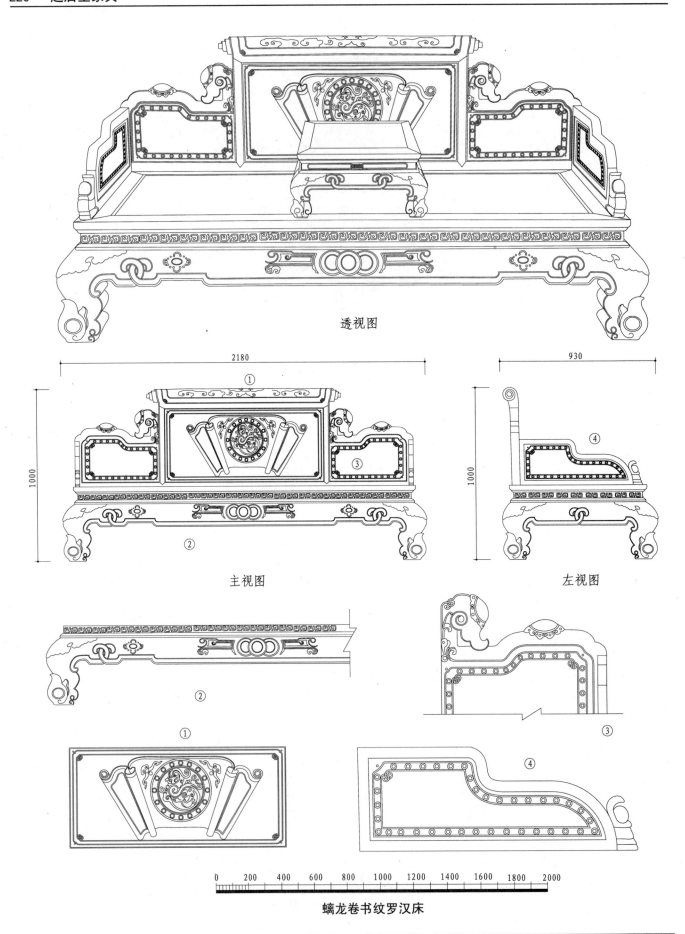

透视图

2180

1000

①

③

②

主视图

930

1000

④

左视图

②

①

③

④

0 200 400 600 800 1000 1200 1400 1600 1800 2000

螭龙卷书纹罗汉床

透视图

2060

1000

① ②

780

③ 780

主视图　　　　左视图

① ②

③

0　200　400　600　800　1000　1200　1400　1600　1800　2000

蝠钱云纹罗汉床

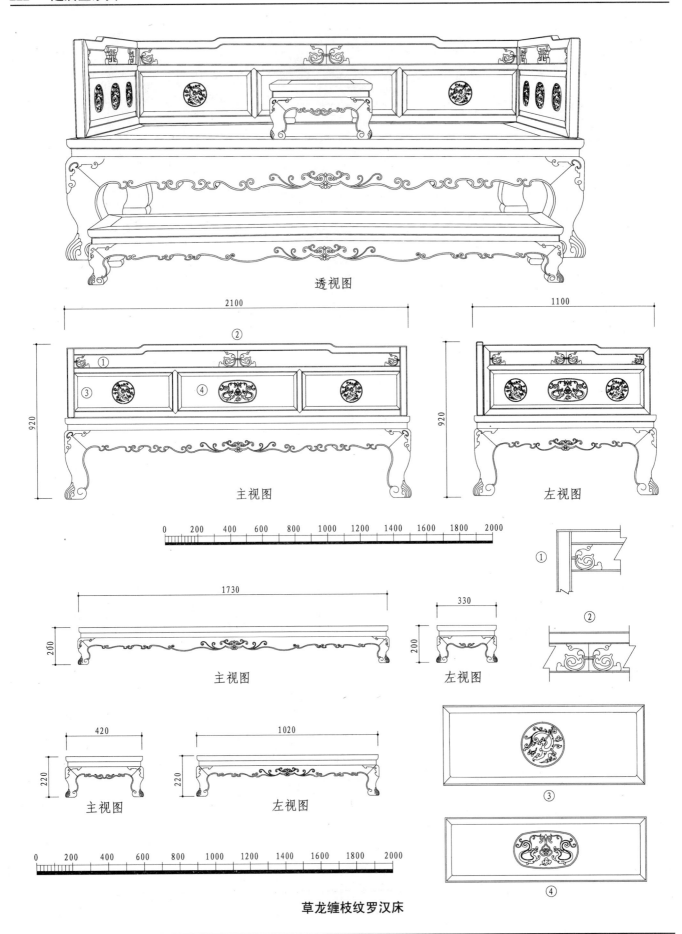

透视图

2100

② ①

③ ④

920

主视图

1100

920

左视图

0 200 400 600 800 1000 1200 1400 1600 1800 2000

①

②

1730

200

主视图

330

200

左视图

420

220

主视图

1020

220

左视图

③

④

0 200 400 600 800 1000 1200 1400 1600 1800 2000

草龙缠枝纹罗汉床

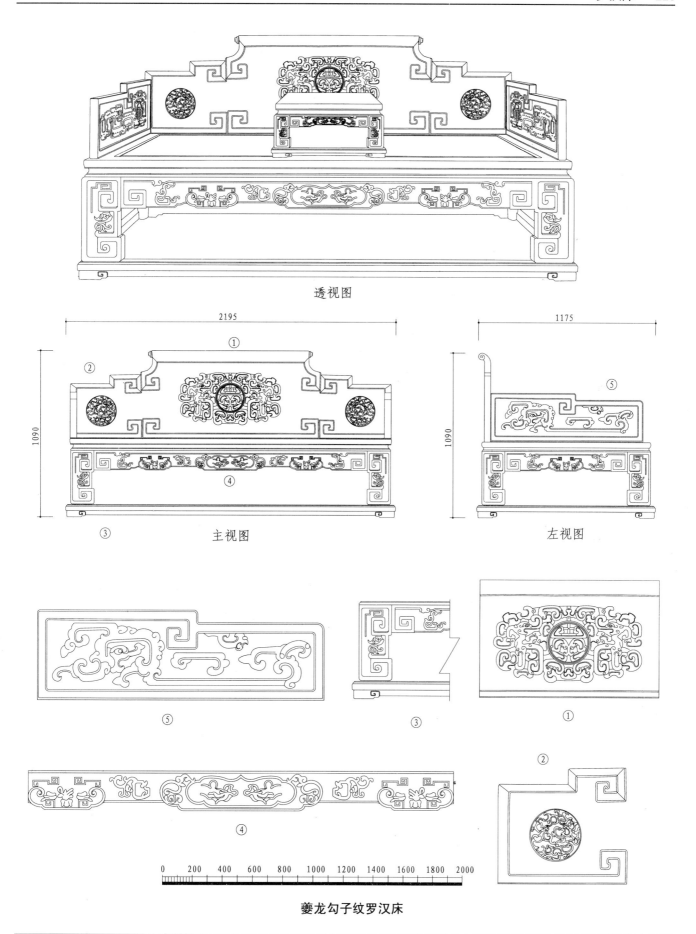

透视图

2195

1090

① ② ③ ④

主视图

1175

1090

⑤

左视图

⑤ ③ ①

② ④

0 200 400 600 800 1000 1200 1400 1600 1800 2000

夔龙勾子纹罗汉床

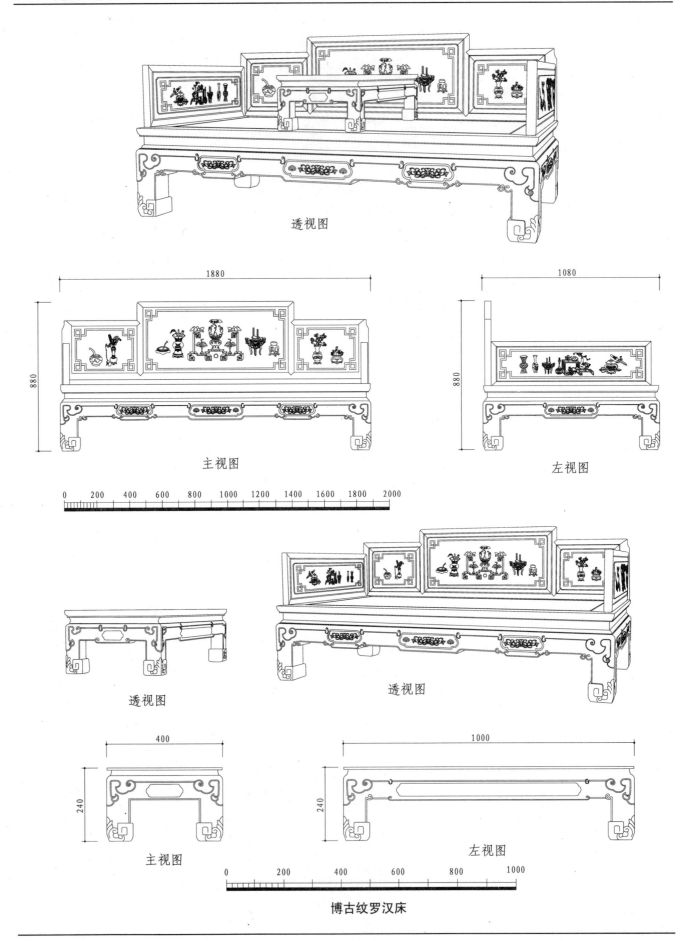

透视图

1880

880

主视图

1080

880

左视图

0 200 400 600 800 1000 1200 1400 1600 1800 2000

透视图

透视图

400

240

主视图

1000

240

左视图

0 200 400 600 800 1000

博古纹罗汉床

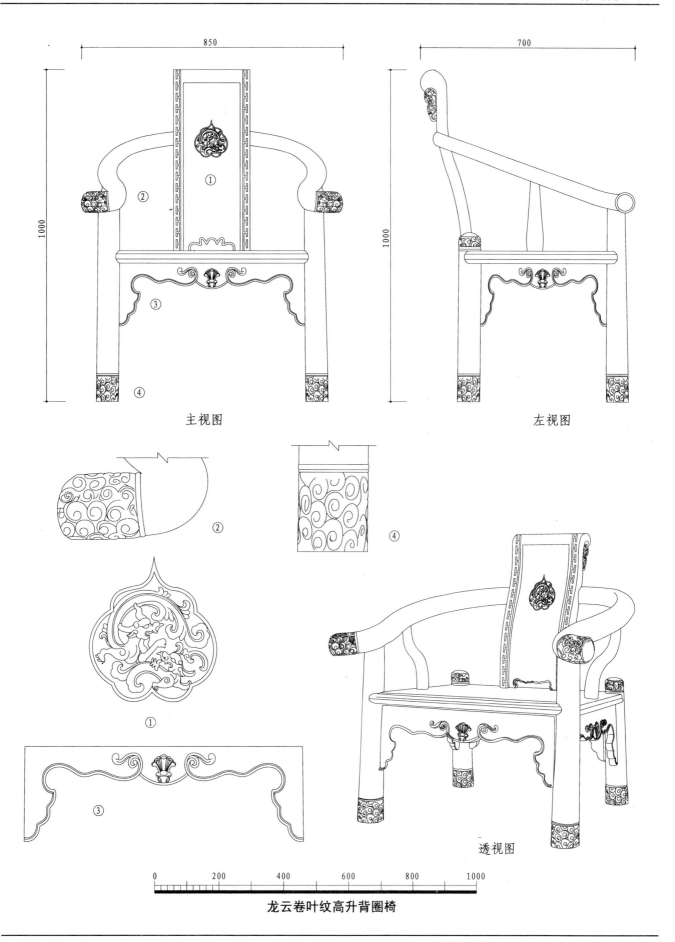

850

700

1000

1000

① ② ③ ④

主视图

左视图

② ④

①

③

透视图

0　　　200　　　400　　　600　　　800　　　1000

龙云卷叶纹高升背圈椅

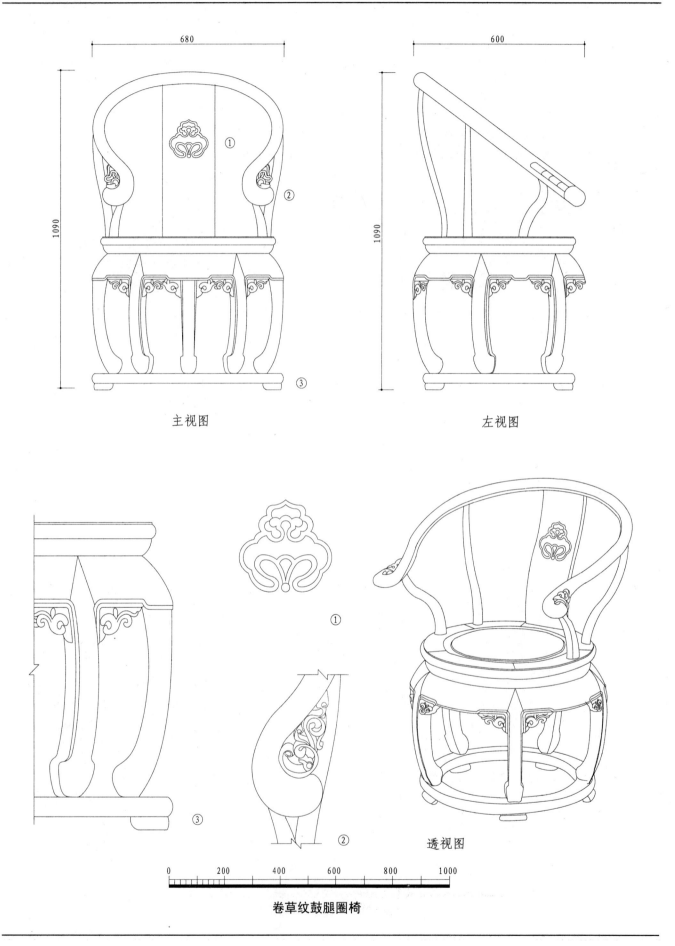

680

1090

①

②

③

主视图

600

1090

左视图

③

①

②

0   200   400   600   800   1000

卷草纹鼓腿圈椅

透视图

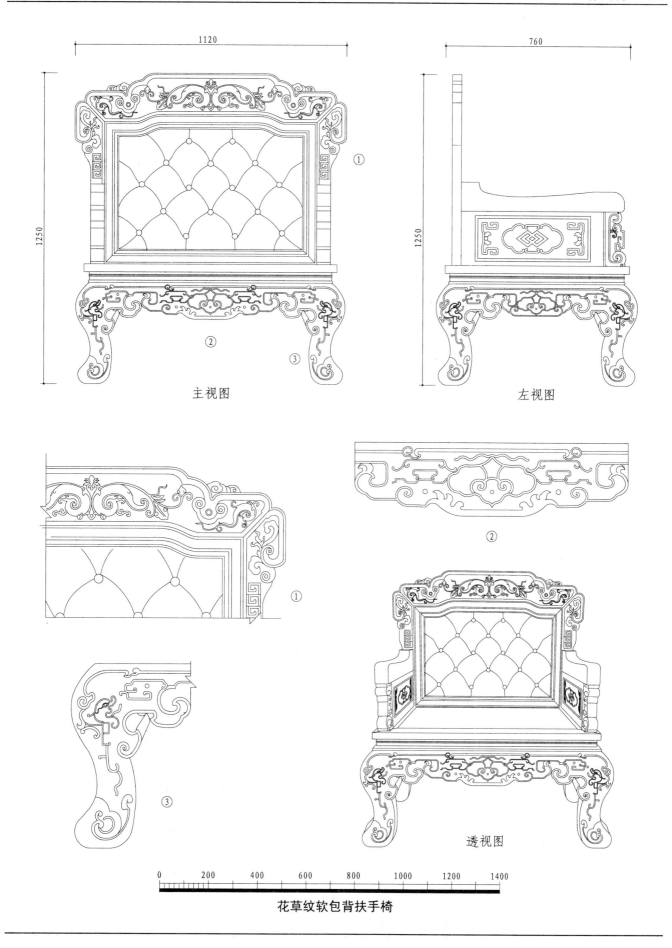

1120

760

1250

1250

①

②

③

主视图

左视图

②

①

③

透视图

0　　200　　400　　600　　800　　1000　　1200　　1400

花草纹软包背扶手椅

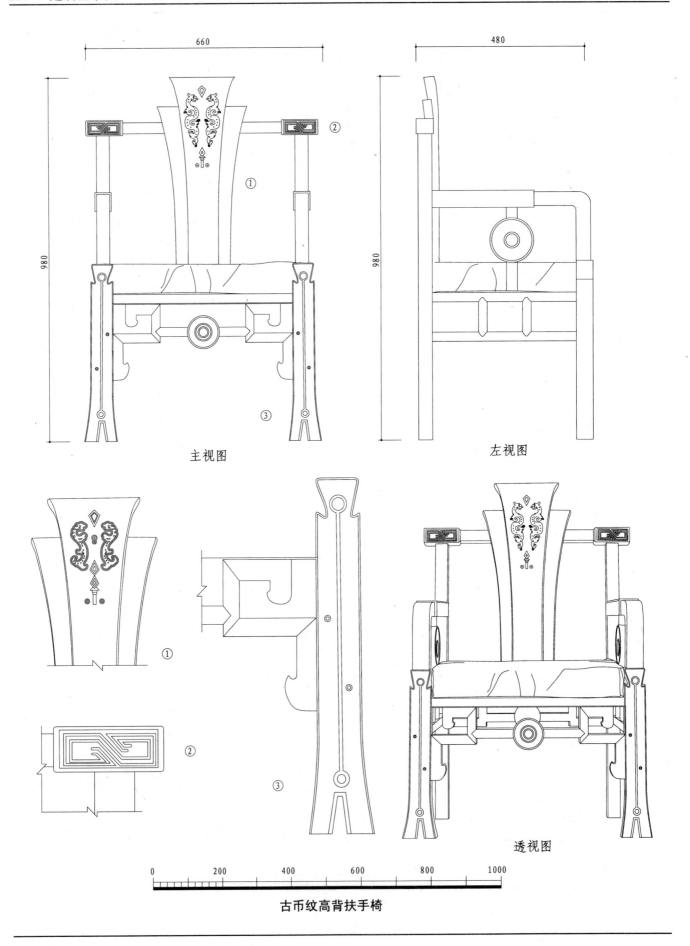

主视图

左视图

①

②

③

透视图

古币纹高背扶手椅

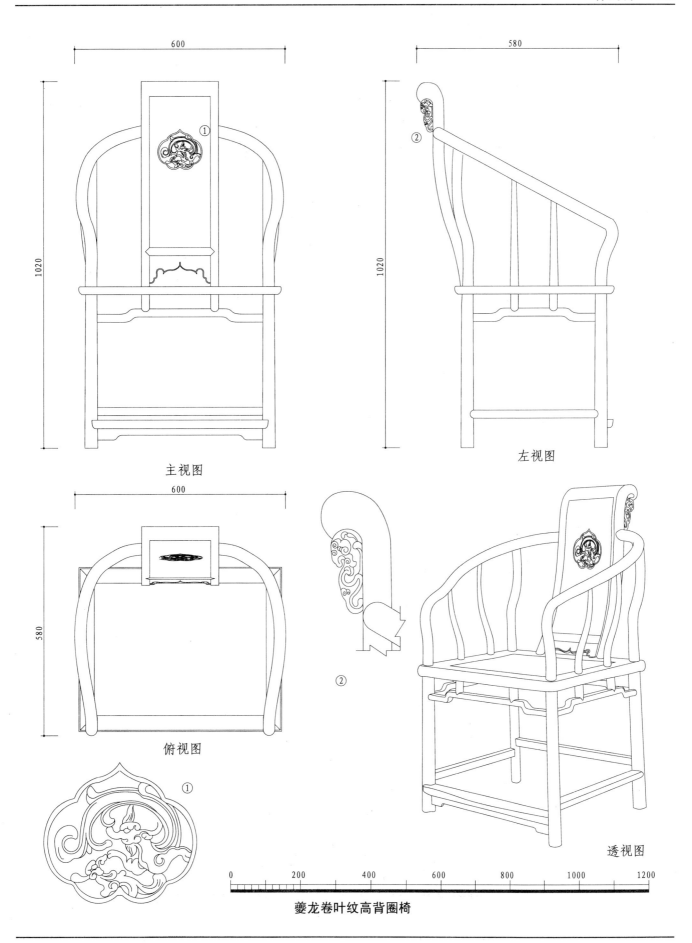

600

1020

主视图

580

1020

左视图

600

580

俯视图

②

①

透视图

0   200   400   600   800   1000   1200

夔龙卷叶纹高背圈椅

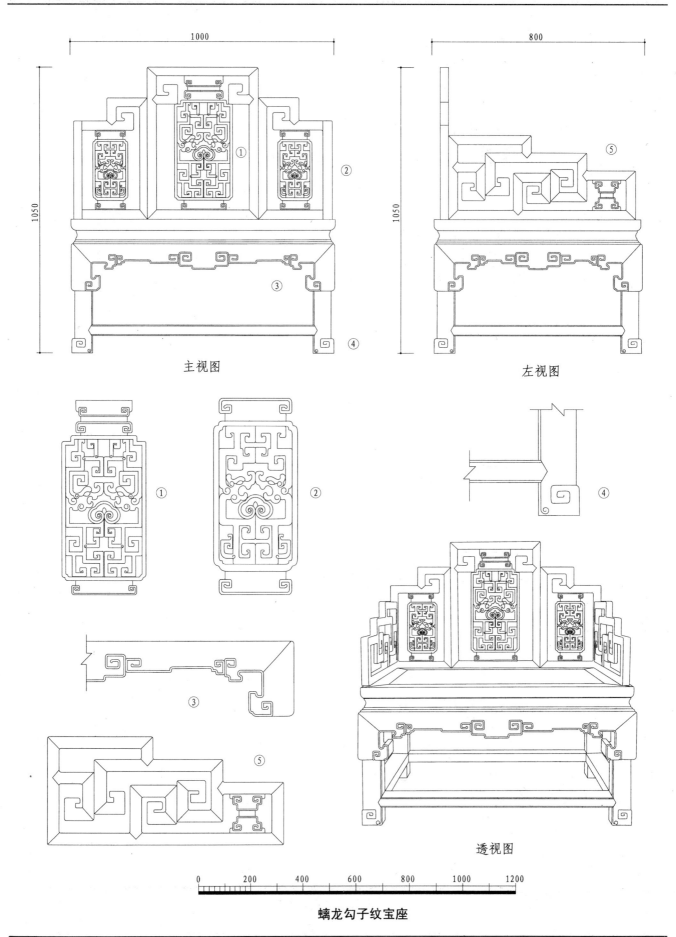

主视图

左视图

①

②

③

④

⑤

透视图

螭龙勾子纹宝座

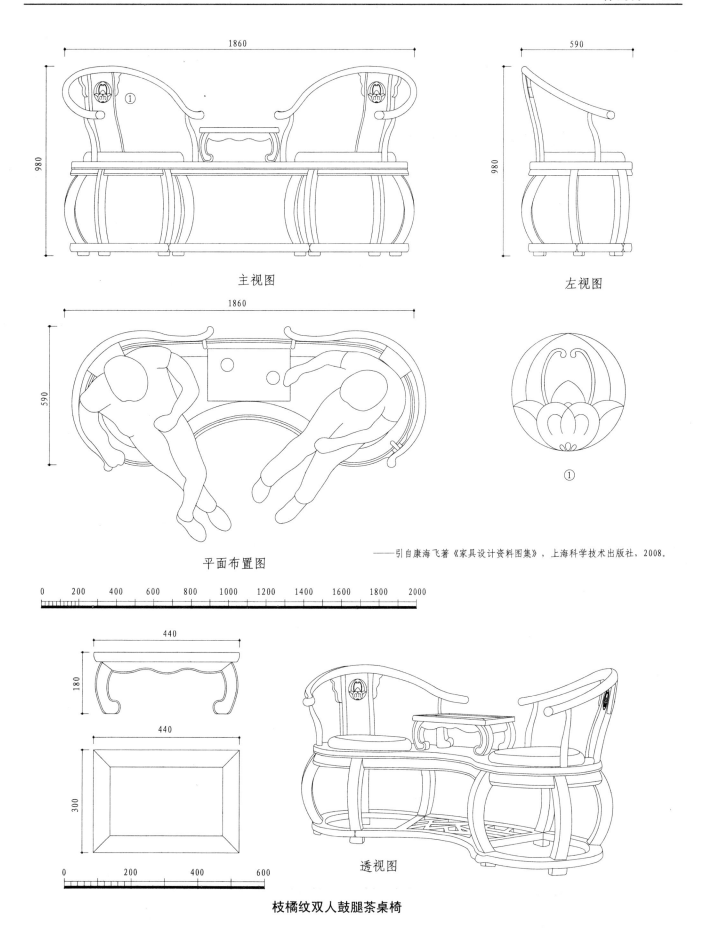

主视图

左视图

平面布置图

——引自康海飞著《家具设计资料图集》，上海科学技术出版社，2008。

透视图

枝橘纹双人鼓腿茶桌椅

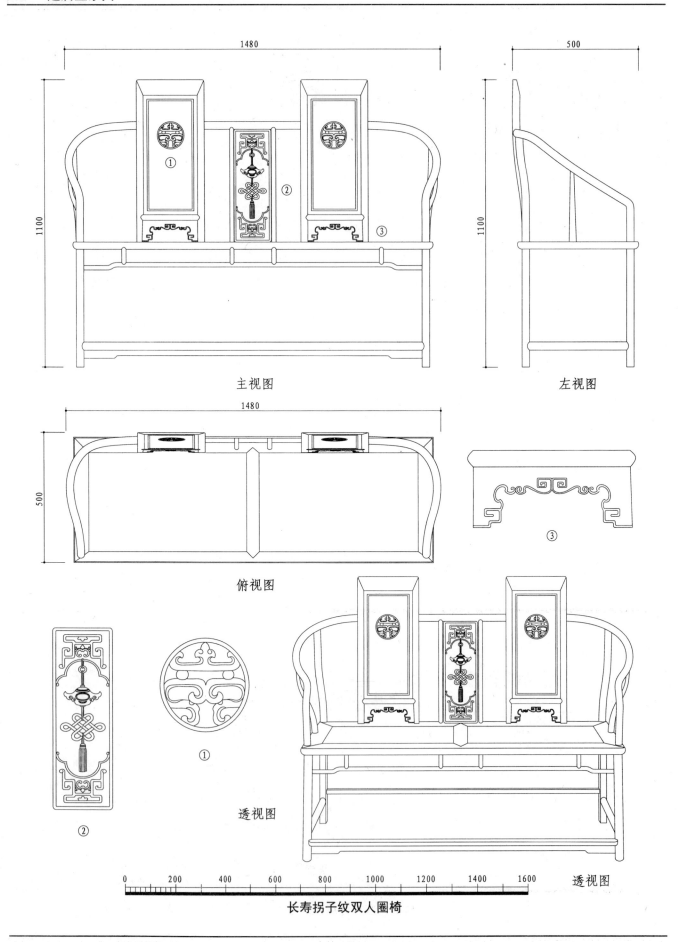

1480

1100

主视图

500

1100

左视图

1480

500

俯视图

③

①

②

透视图

透视图

0　200　400　600　800　1000　1200　1400　1600

长寿拐子纹双人圈椅

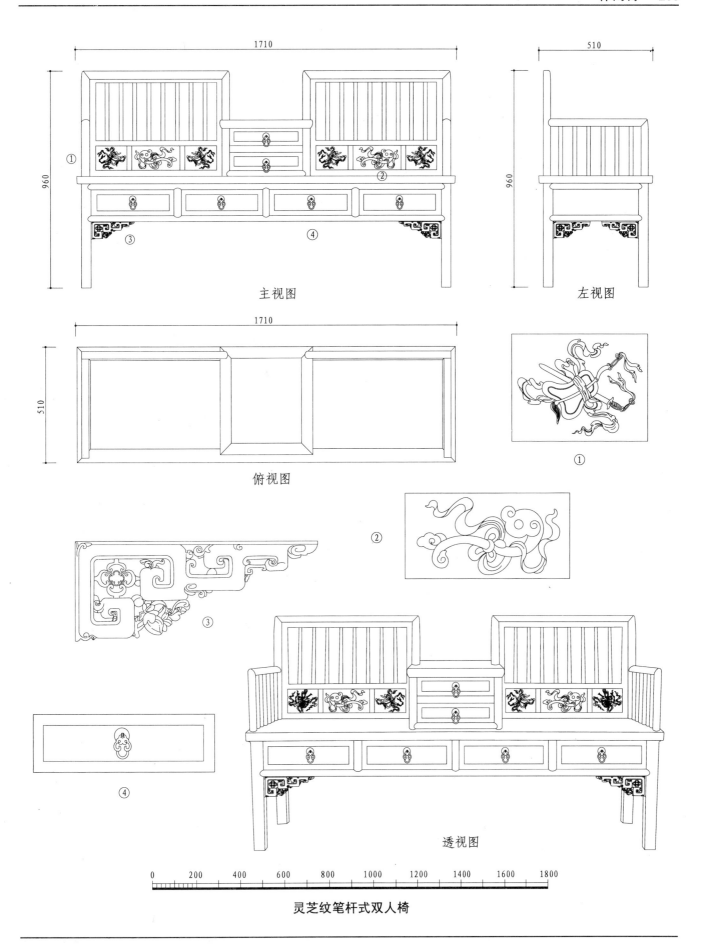

主视图

左视图

俯视图

①

②

③

④

透视图

灵芝纹笔杆式双人椅

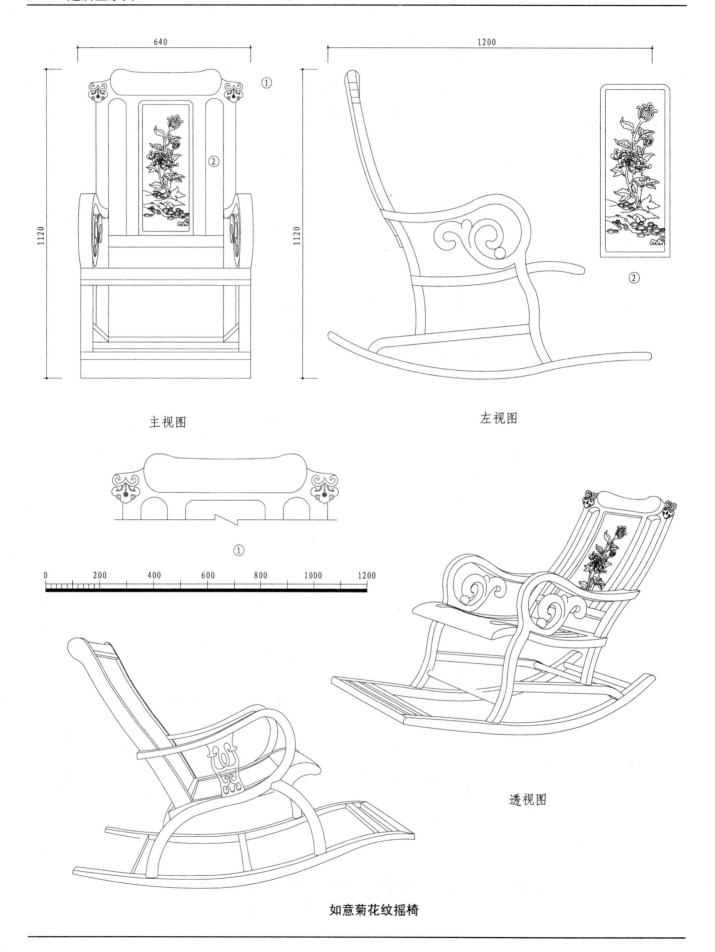

640

1200

1120

1120

②

主视图

左视图

①

0　　200　　400　　600　　800　　1000　　1200

透视图

如意菊花纹摇椅

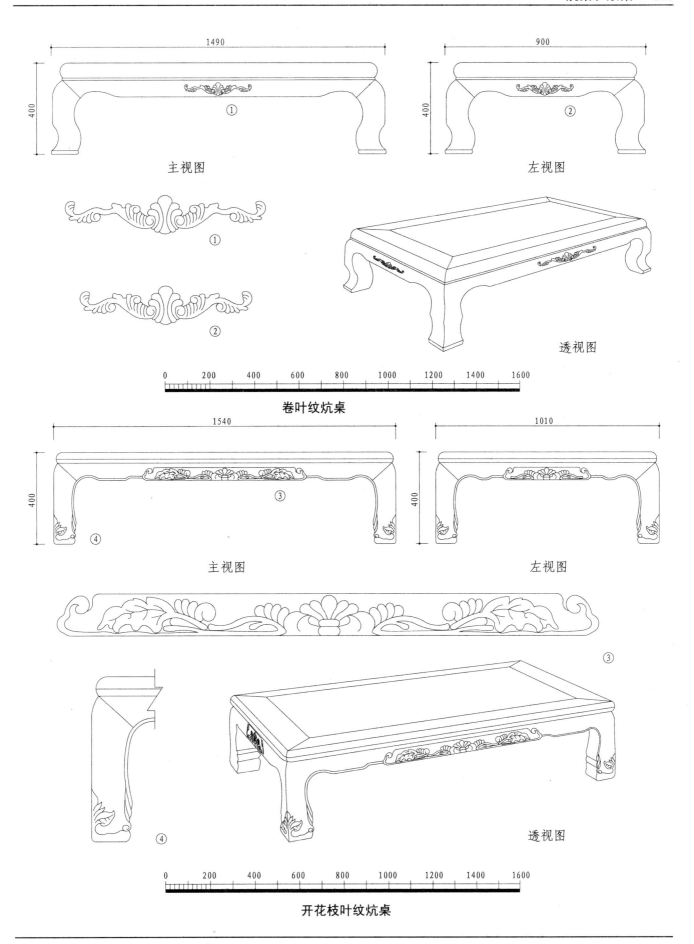

1490

400

①

主视图

900

400

②

左视图

①

②

透视图

0　200　400　600　800　1000　1200　1400　1600

卷叶纹炕桌

1540

400

③

④

主视图

1010

400

左视图

③

④

透视图

0　200　400　600　800　1000　1200　1400　1600

开花枝叶纹炕桌

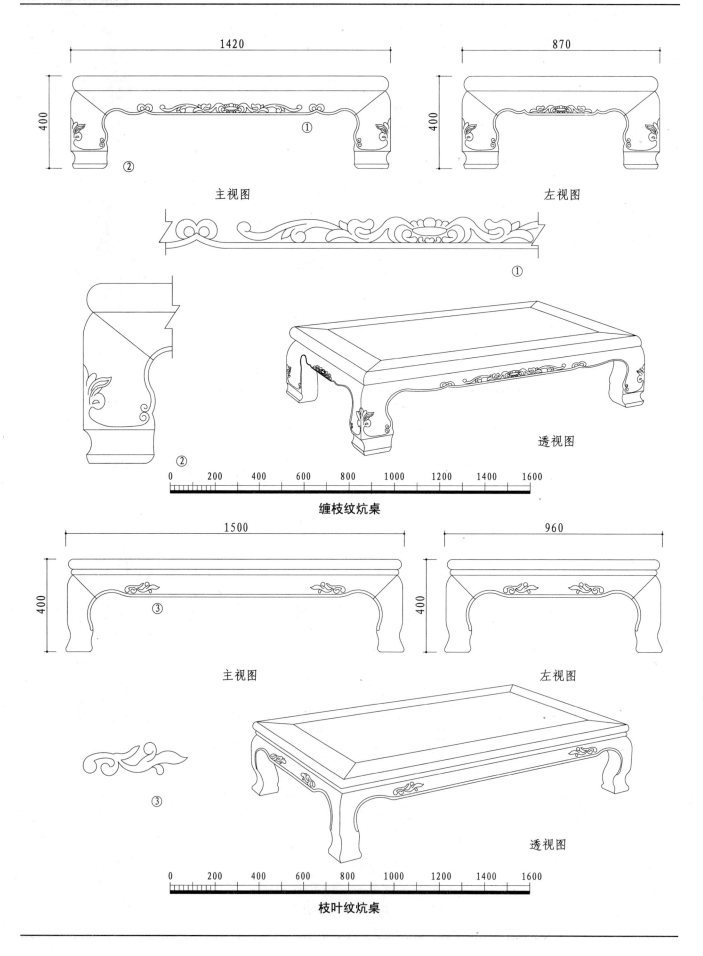

1420

870

400

400

主视图

左视图

①

②

②

0　200　400　600　800　1000　1200　1400　1600

透视图

缠枝纹炕桌

1500

960

400

400

③

主视图

左视图

③

0　200　400　600　800　1000　1200　1400　1600

透视图

枝叶纹炕桌

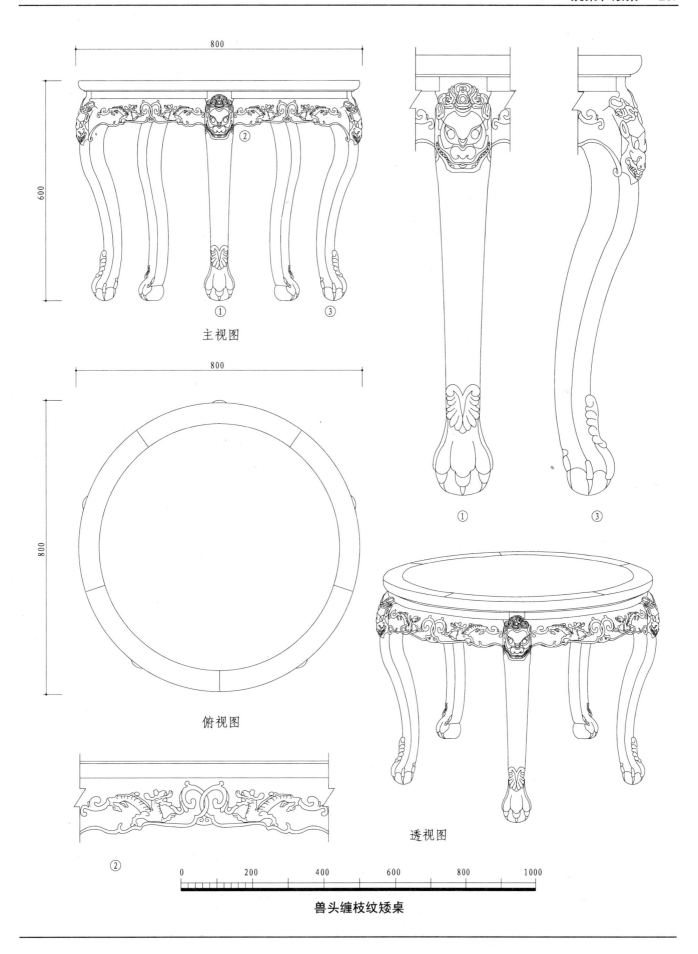

800

600

① ②　③

主视图

800

800

俯视图

① ③

透视图

②

0　　200　　400　　600　　800　　1000

兽头缠枝纹矮桌

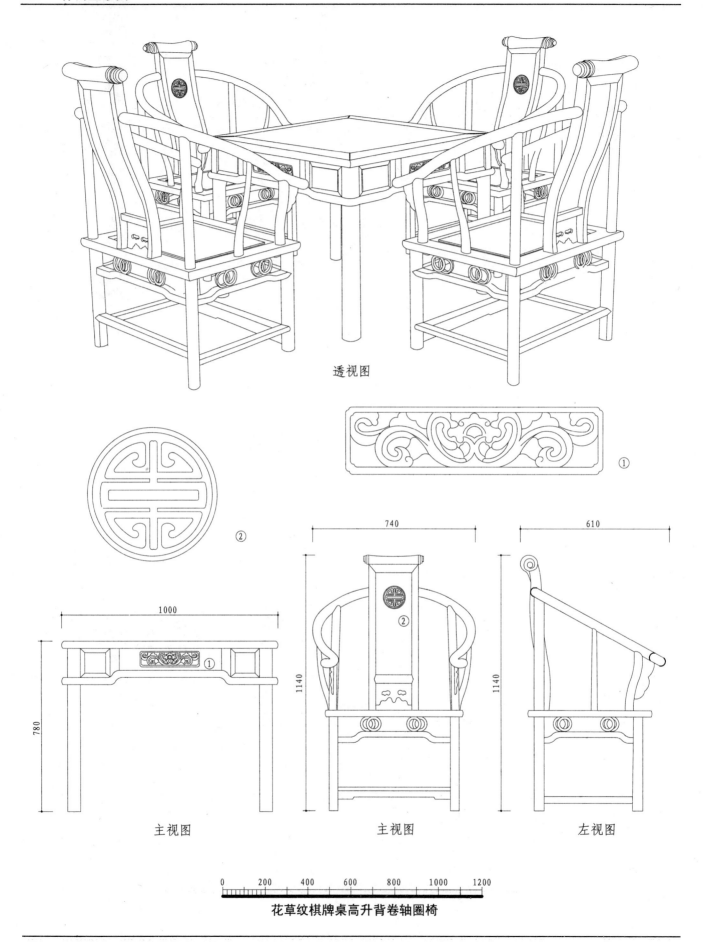

透视图

①

②

1000

780

主视图

740

1140

②

主视图

610

1140

左视图

0　200　400　600　800　1000　1200

花草纹棋牌桌高升背卷轴圈椅

透视图

①

②

③

④

640

500

1000

780

1180

1180

②

③

①

④

主视图

主视图

左视图

0　　200　　400　　600　　800　　1000　　1200

花草纹棋牌桌卷轴圈椅

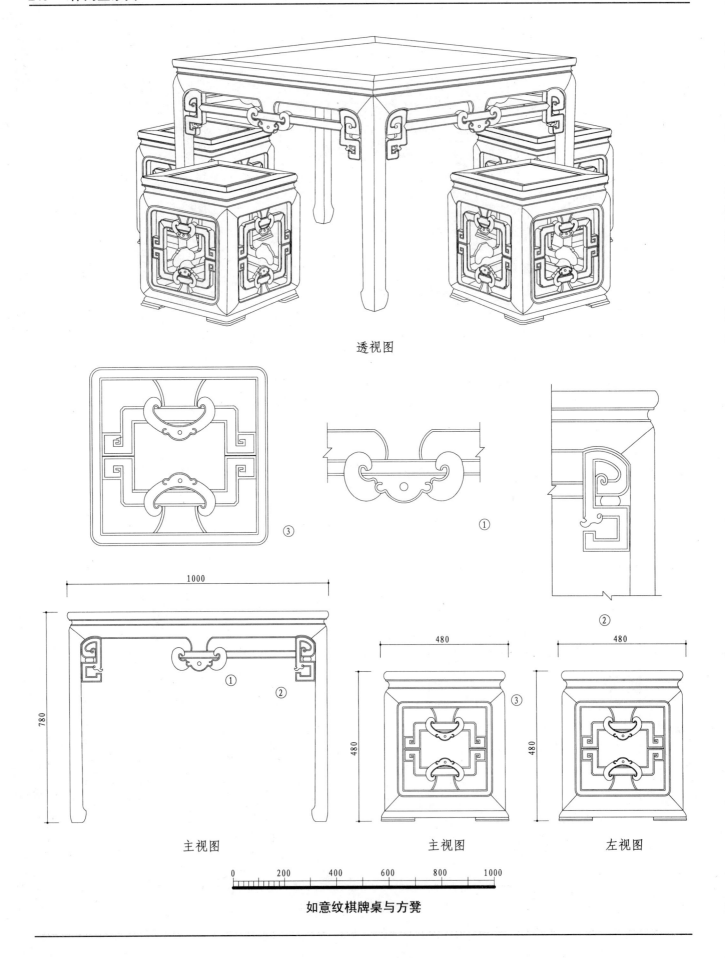

透视图

③

①

②

1000

780

主视图

①

②

480

480

③

480

480

主视图

左视图

0 200 400 600 800 1000

如意纹棋牌桌与方凳

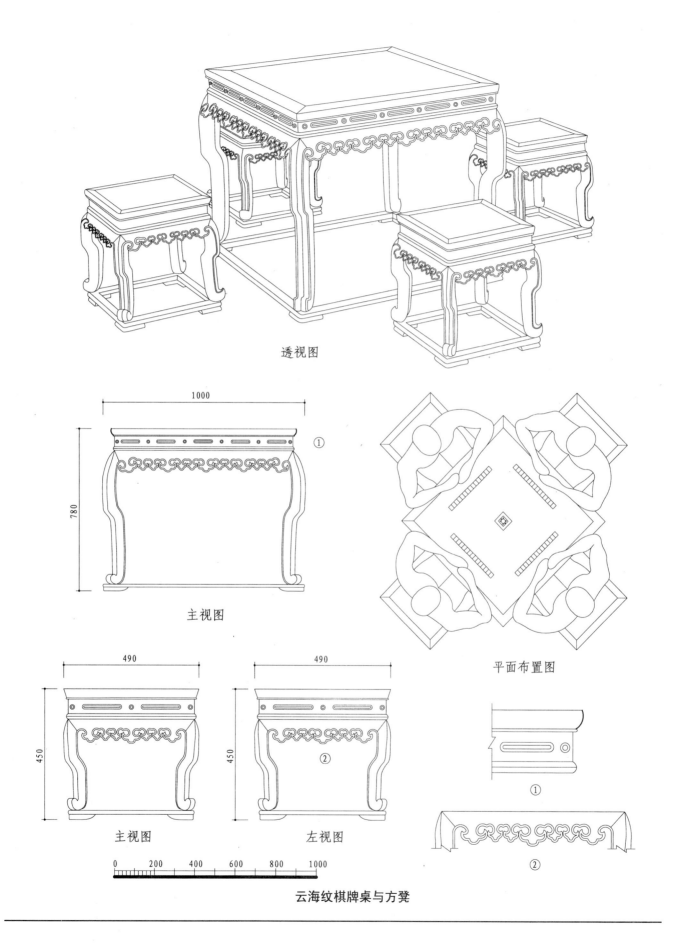

透视图

1000

① 780

主视图

平面布置图

490

①

主视图

490

② 450

450

左视图

②

0　200　400　600　800　1000

云海纹棋牌桌与方凳

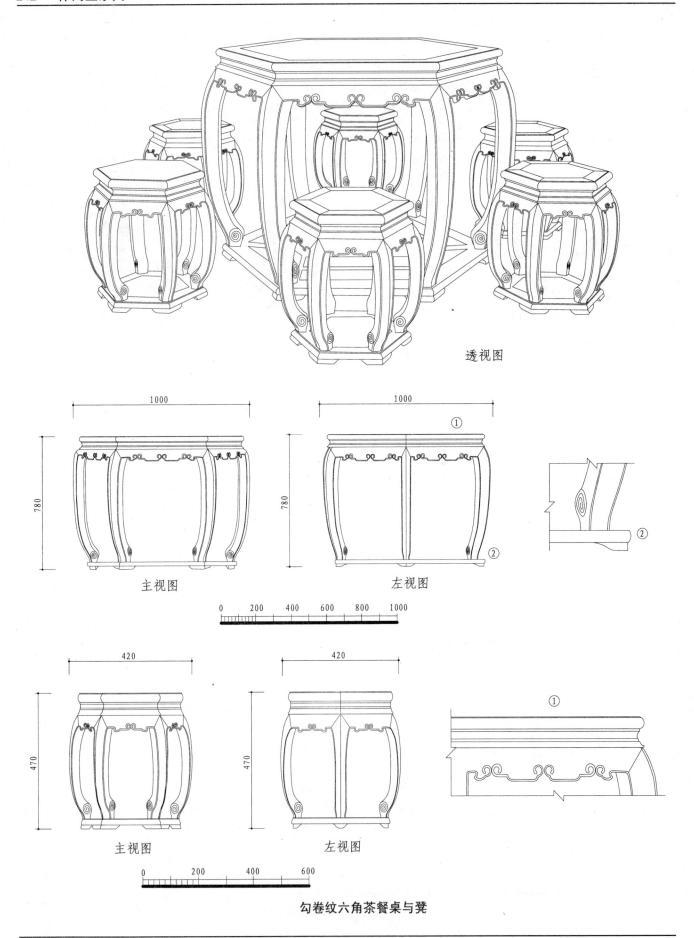

透视图

1000

780

主视图

1000

780

①

②

左视图

②

0　200　400　600　800　1000

420

470

主视图

420

470

①

左视图

0　　200　　400　　600

勾卷纹六角茶餐桌与凳

透视图

1500

780

①

①

主视图

0　200　400　600　800　1000　1200　1400　1600

460

460

460

500

②

②

主视图　　　　俯视图

0　200　400　600　800　1000

繁华纹鼓形圆茶餐桌与凳

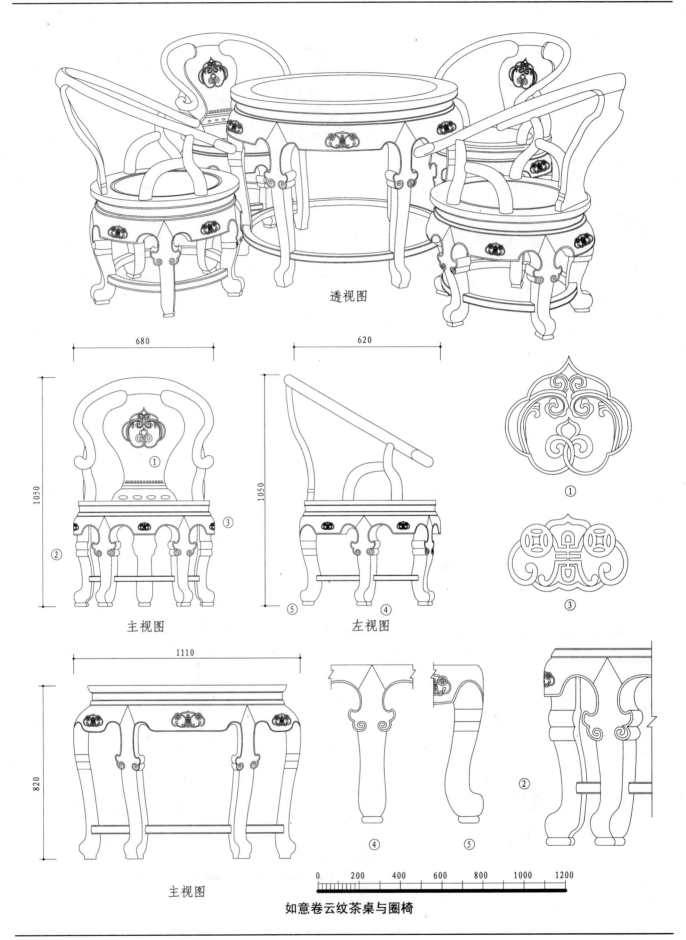

透视图

680

620

1050

1050

① ③ ②

⑤ ④

①

③

主视图　　　　左视图

1110

820

②

④ ⑤

主视图

0　200　400　600　800　1000　1200

如意卷云纹茶桌与圈椅

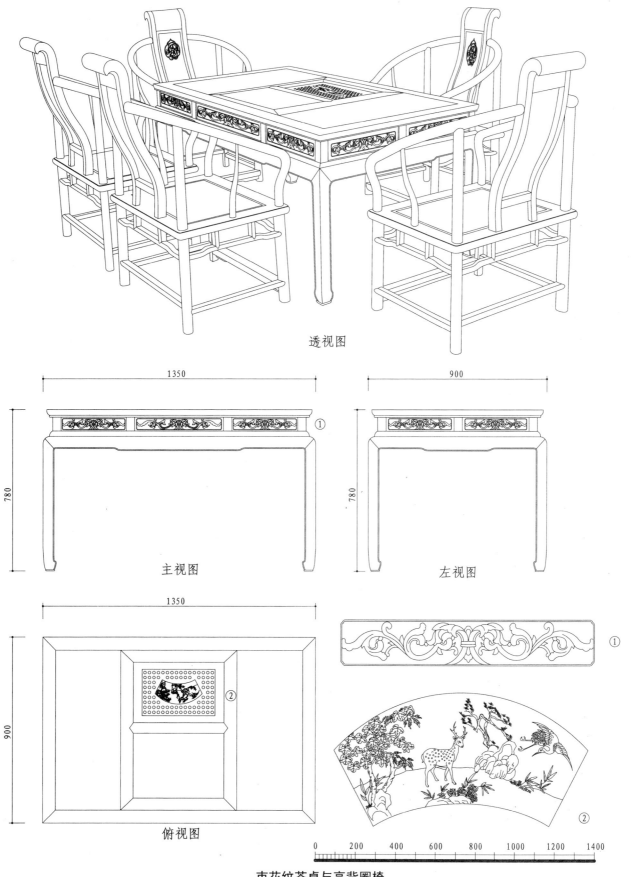

透视图

1350

780

主视图

①

900

780

左视图

1350

900

②

俯视图

①

②

0　200　400　600　800　1000　1200　1400

束花纹茶桌与高背圈椅

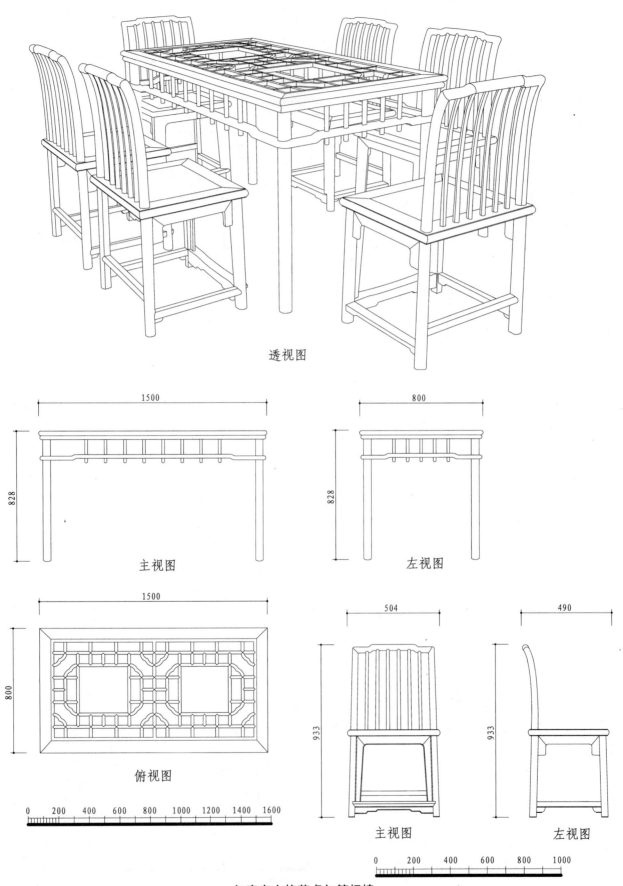

透视图

1500

828

主视图

800

828

左视图

1500

800

俯视图

0　200　400　600　800　1000　1200　1400　1600

504

933

主视图

490

933

左视图

0　200　400　600　800　1000

如意套方格茶桌与笔杆椅

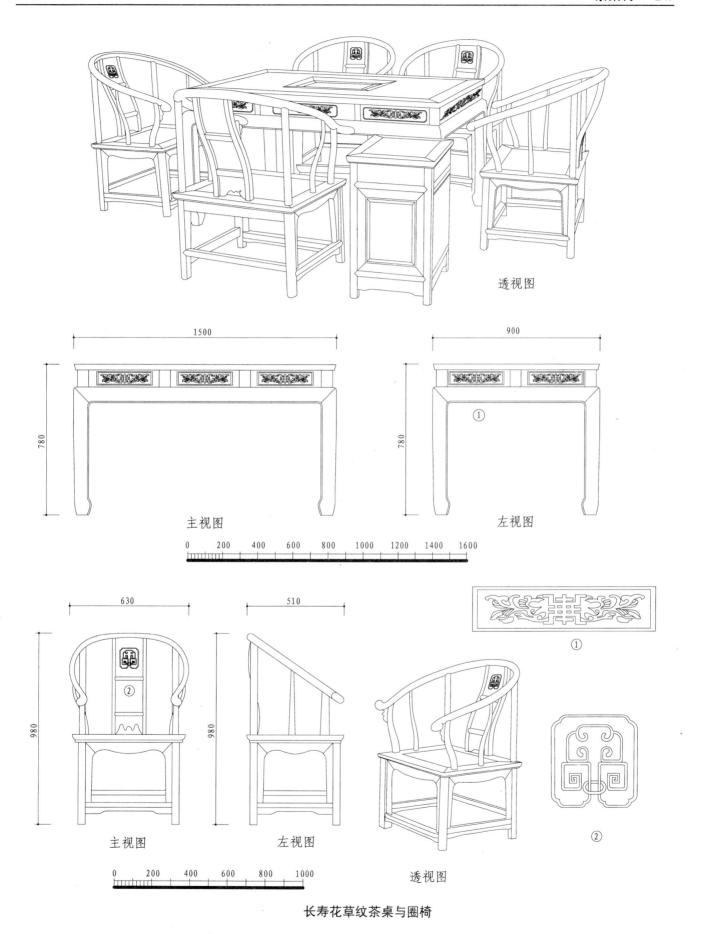

透视图

1500

780

主视图

900

780

①

左视图

0　200　400　600　800　1000　1200　1400　1600

630

510

980

②

980

①

主视图

左视图

透视图

②

长寿花草纹茶桌与圈椅

0　200　400　600　800　1000

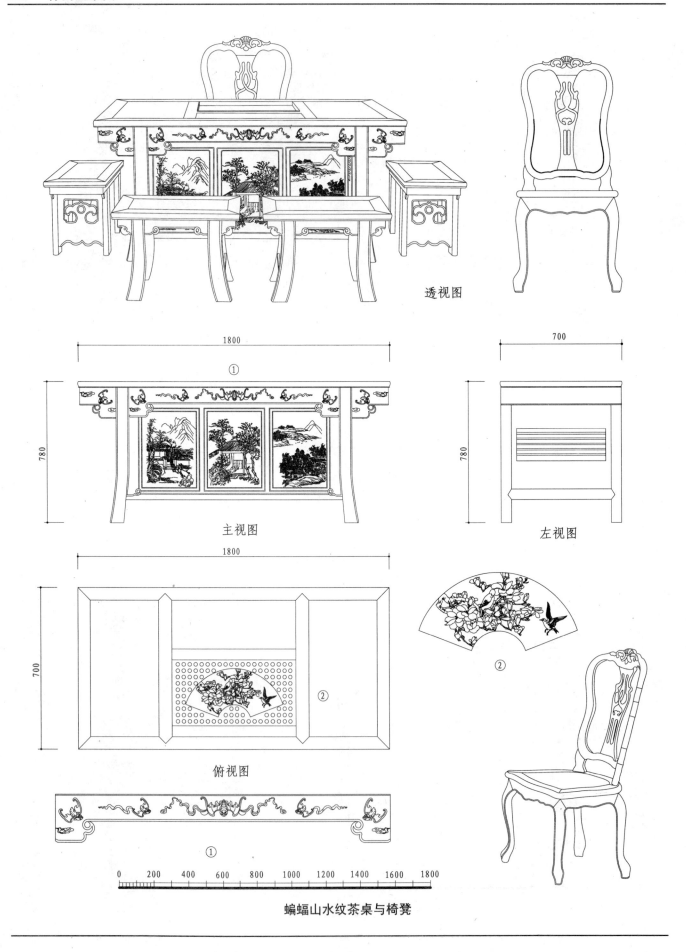

透视图

1800

①

780

主视图

700

780

左视图

1800

700

②

俯视图

②

①

0　200　400　600　800　1000　1200　1400　1600　1800

蝙蝠山水纹茶桌与椅凳

海派家具是中国传统家具与欧美家具结合的新奇形式，是上海特有的文化杰作，它是与现代大都市人生活需求高度融合的产物。

海派家具吸收欧美家具套房形式，丰富了品种和使用功能，提高了中国人的家居品质。创意设计也赋予了更独特的想象空间，它的带有洋气时尚风格迎合当代都市人的审美观。

海派家具时尚与古典相融，是既继承传统，又革新创造的经典之作。因为它符合这个时代的文化，能满足这个时代人们的舒适生活，历经百年行俏不衰。海派家具是新中式家具的榜样。所以它足以引领当代中国传统家具改革潮流。

本书中 19 件海派家具含客厅、餐厅、卧室、书房各式家具，有不同品种、不同式样，仅供读者参考。今后我们会出版海派中式家具套房图集，内容更丰富精彩，敬请广大读者关注。

①

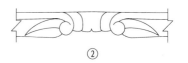

②

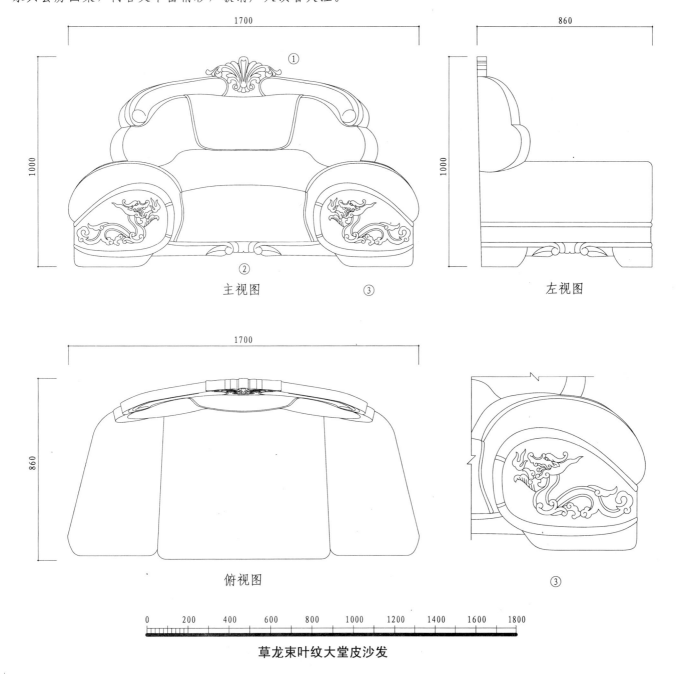

主视图

左视图

俯视图

草龙束叶纹大堂皮沙发

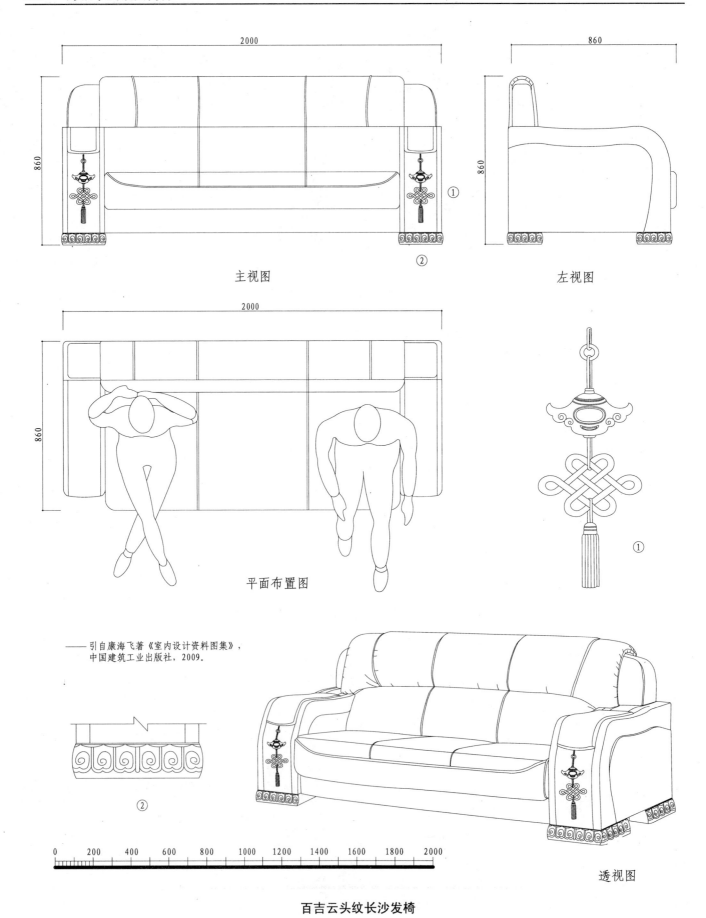

主视图

左视图

平面布置图

① ②

—— 引自康海飞著《室内设计资料图集》，
中国建筑工业出版社，2009。

0   200   400   600   800   1000   1200   1400   1600   1800   2000

透视图

百吉云头纹长沙发椅

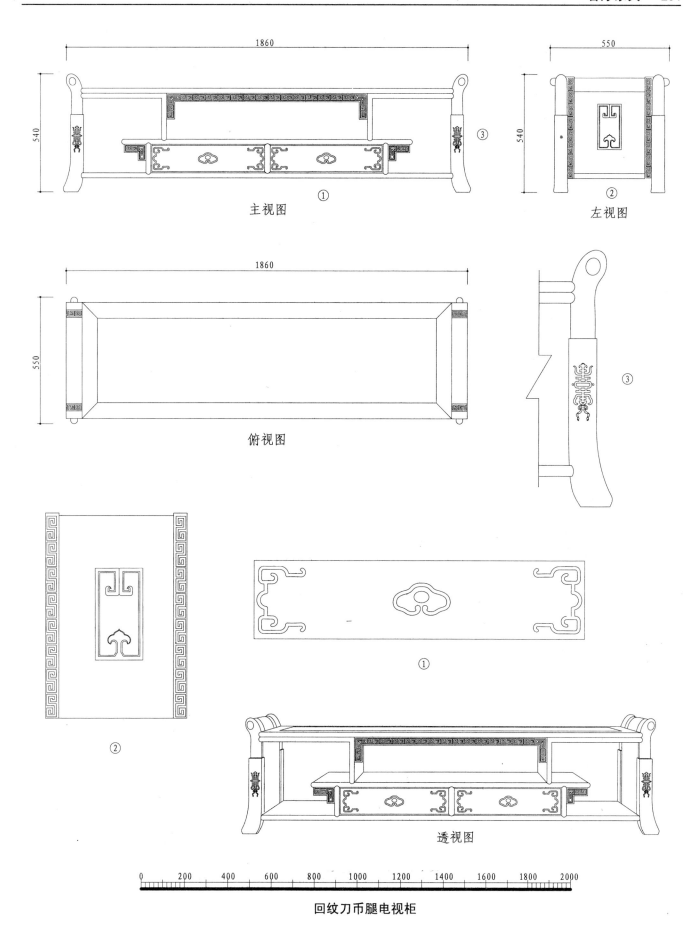

1860

540

③

主视图　①

550

左视图　②

1860

550

俯视图

③

②

①

透视图

0　200　400　600　800　1000　1200　1400　1600　1800　2000

回纹刀币腿电视柜

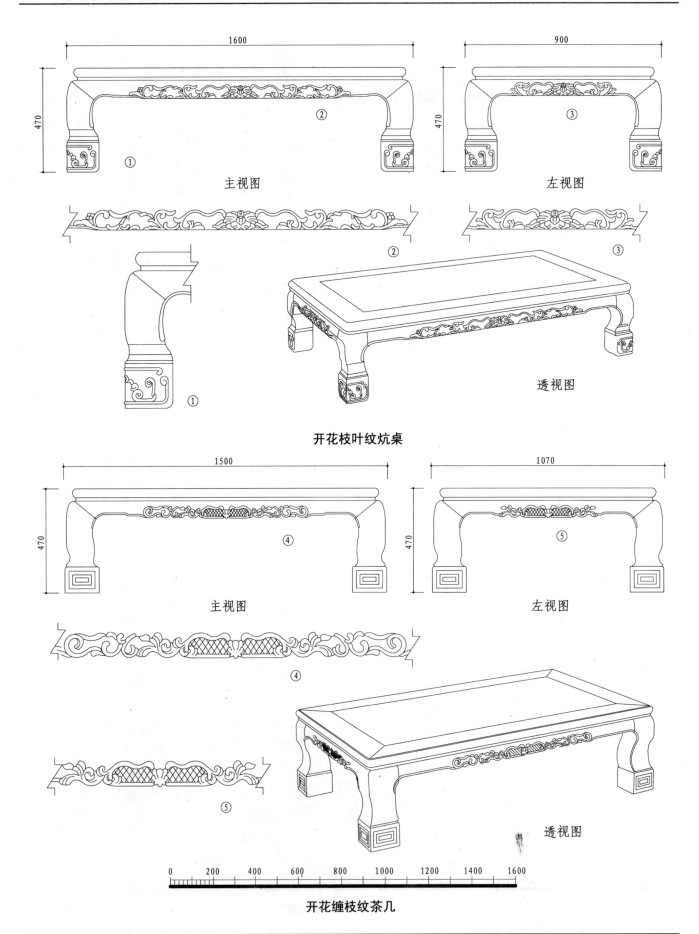

主视图

左视图

透视图

开花枝叶纹炕桌

主视图

左视图

透视图

开花缠枝纹茶几

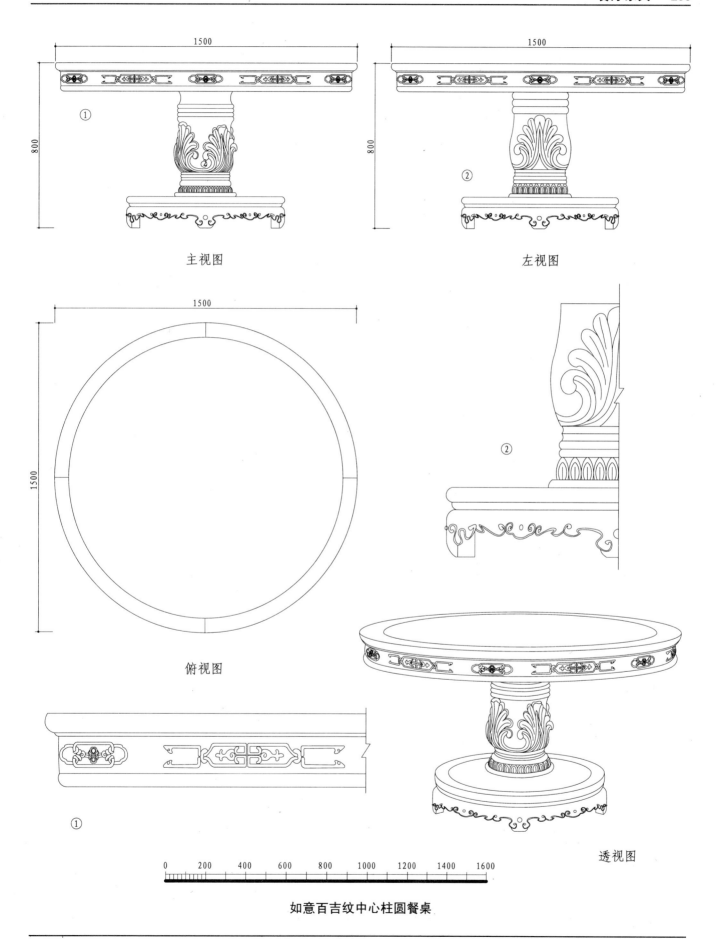

1500

800

①

主视图

1500

800

②

左视图

1500

1500

俯视图

②

①

透视图

0　200　400　600　800　1000　1200　1400　1600

如意百吉纹中心柱圆餐桌

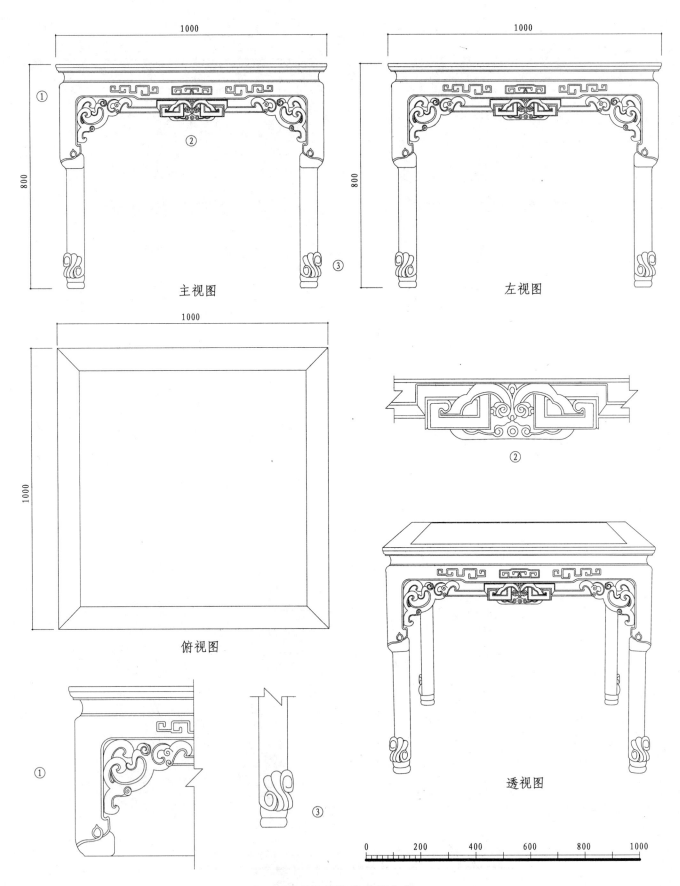

主视图

左视图

②

俯视图

透视图

①

③

0　　200　　400　　600　　800　　1000

螭龙勾子纹卷叶腿方桌

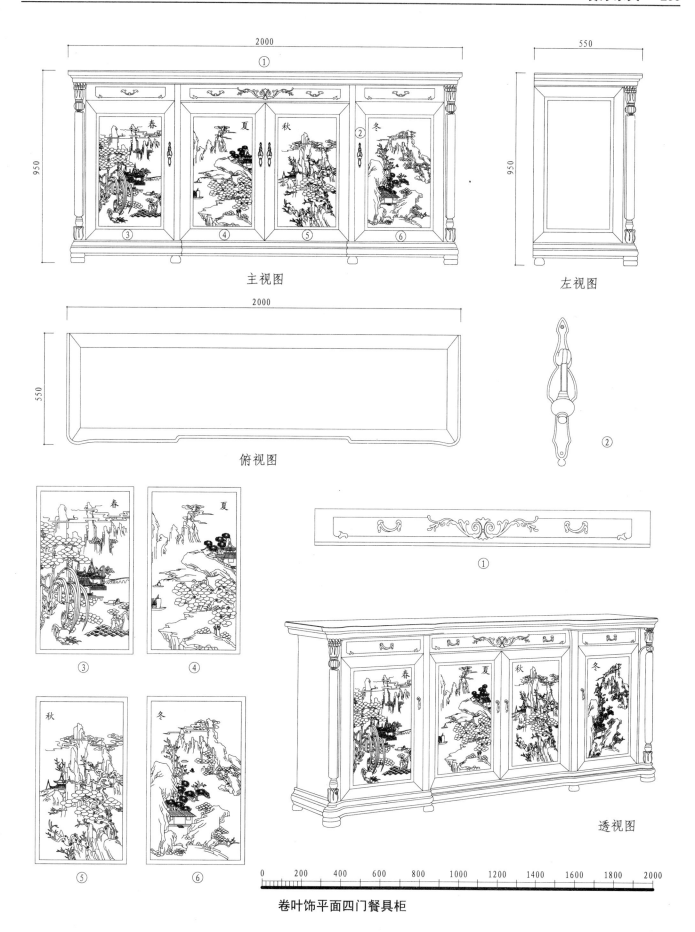

主视图

左视图

俯视图

①

②

③

④

⑤

⑥

透视图

卷叶饰平面四门餐具柜

2270

2500

490

2500

②

①

②

③

④ 主视图

左视图

③

2270

490

俯视图

①

④

透视图

0　200　400　600　800　1000　1200　1400　1600　1800　2000

平顶垂叶饰餐厅陈设柜

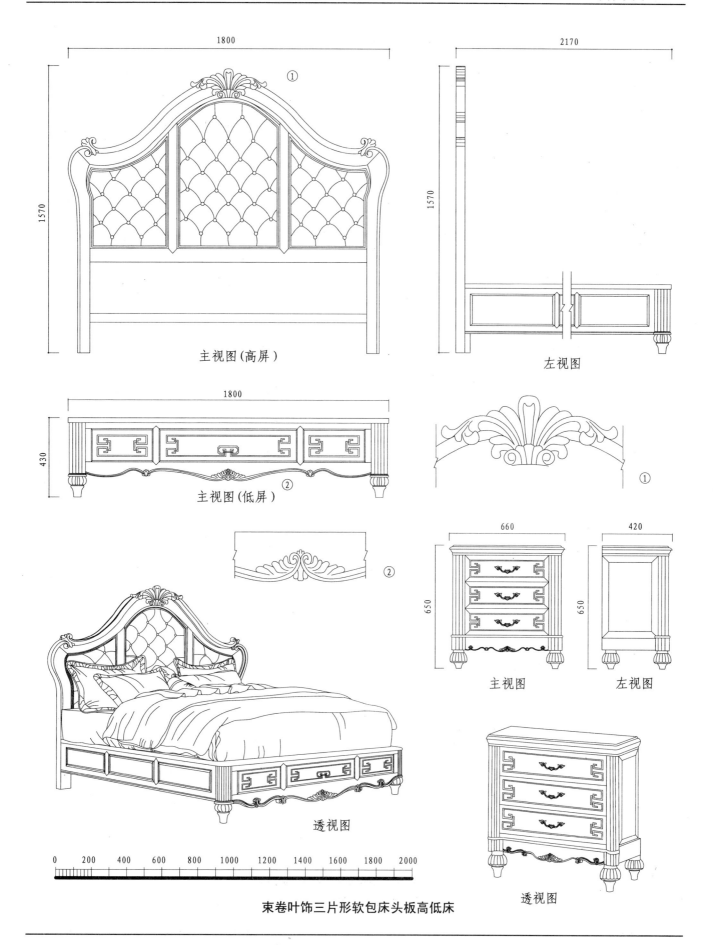

1800

1570

主视图（高屏）

2170

1570

左视图

1800

430

主视图（低屏） ②

①

②

660

420

650

650

主视图   左视图

透视图

0 200 400 600 800 1000 1200 1400 1600 1800 2000

束卷叶饰三片形软包床头板高低床

透视图

主视图

左视图

俯视图

扇贝缠枝纹抽屉柜

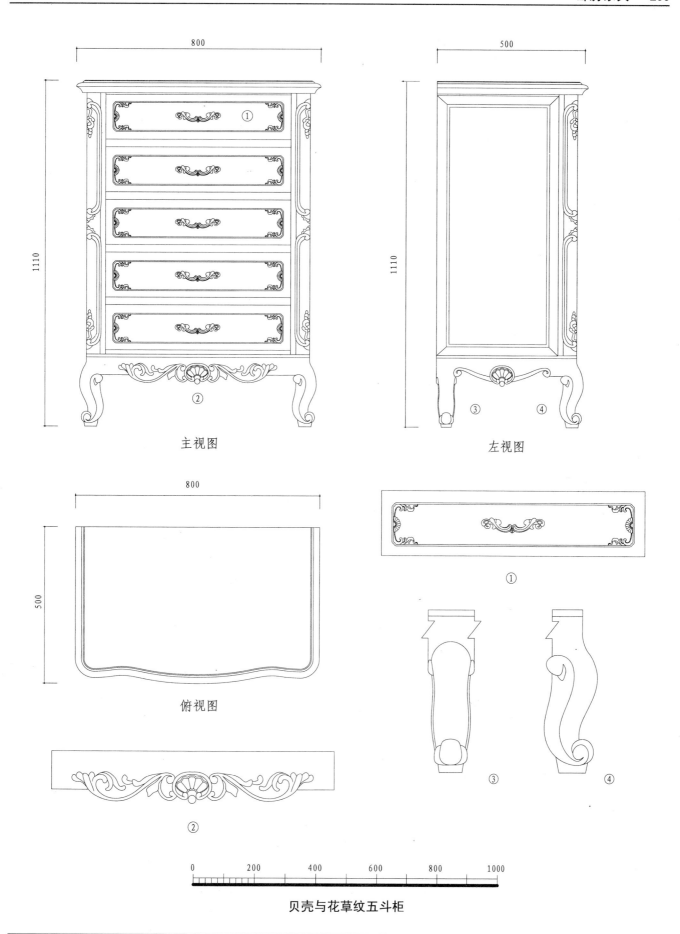

主视图

左视图

俯视图

①

②

③　④

贝壳与花草纹五斗柜

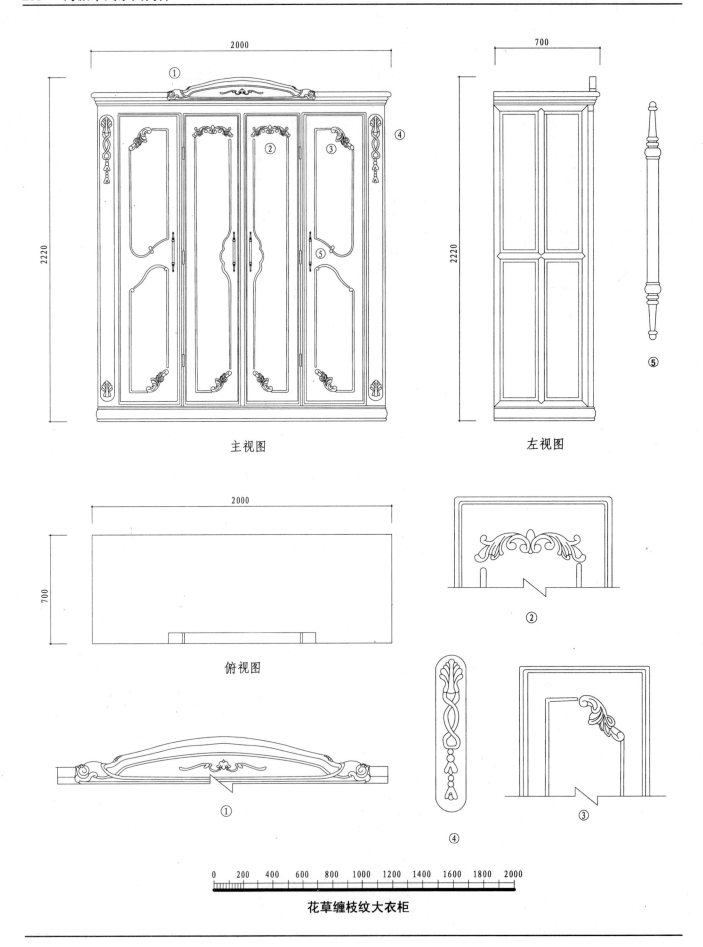

主视图

左视图

俯视图

① ② ③ ④ ⑤

0　200　400　600　800　1000　1200　1400　1600　1800　2000

花草缠枝纹大衣柜

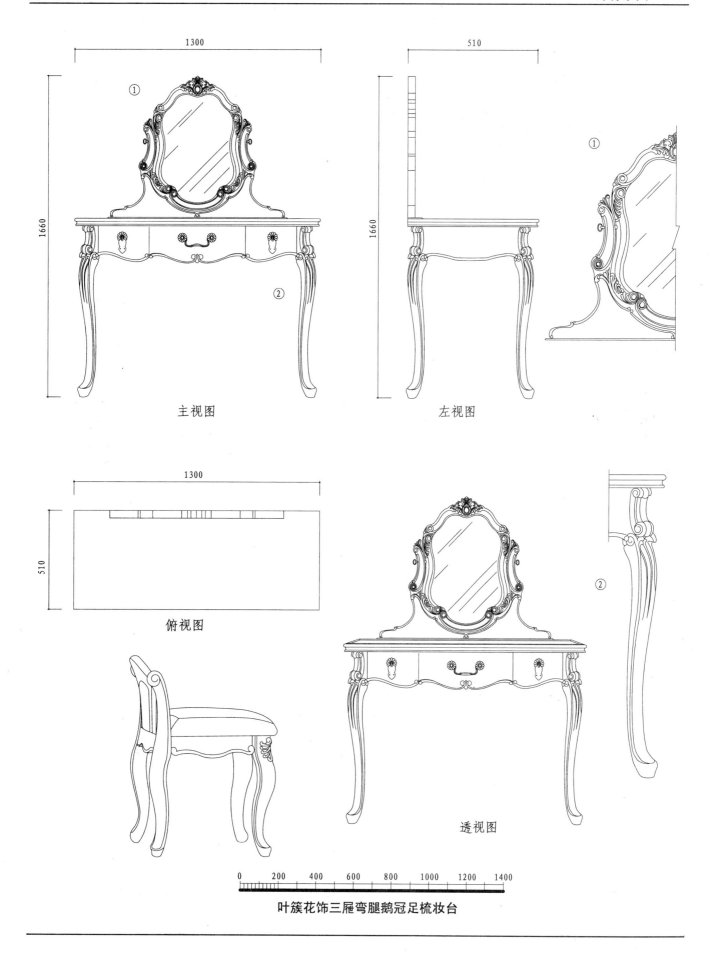

1300

510

1660

1660

① ②

主视图

左视图

①

1300

510

俯视图

②

透视图

0　200　400　600　800　1000　1200　1400

叶簇花饰三屉弯腿鹅冠足梳妆台

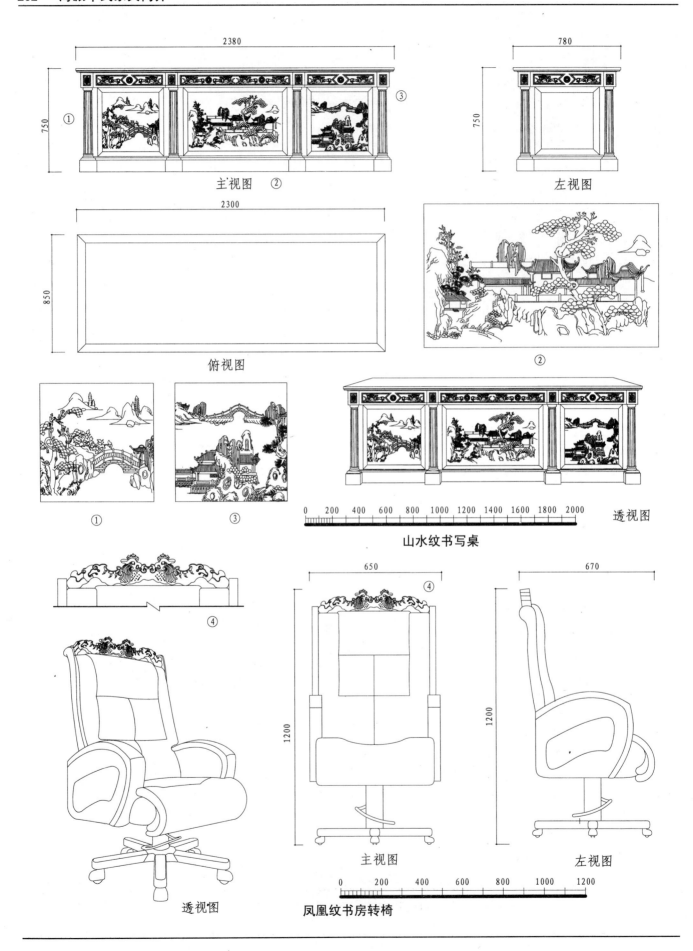

2380

750

① ② ③

主视图   ②

780

750

左视图

2300

850

俯视图

②

①   ③

山水纹书写桌

0 200 400 600 800 1000 1200 1400 1600 1800 2000

透视图

④

650

④

1200

670

1200

主视图

左视图

透视图

0 200 400 600 800 1000 1200

凤凰纹书房转椅

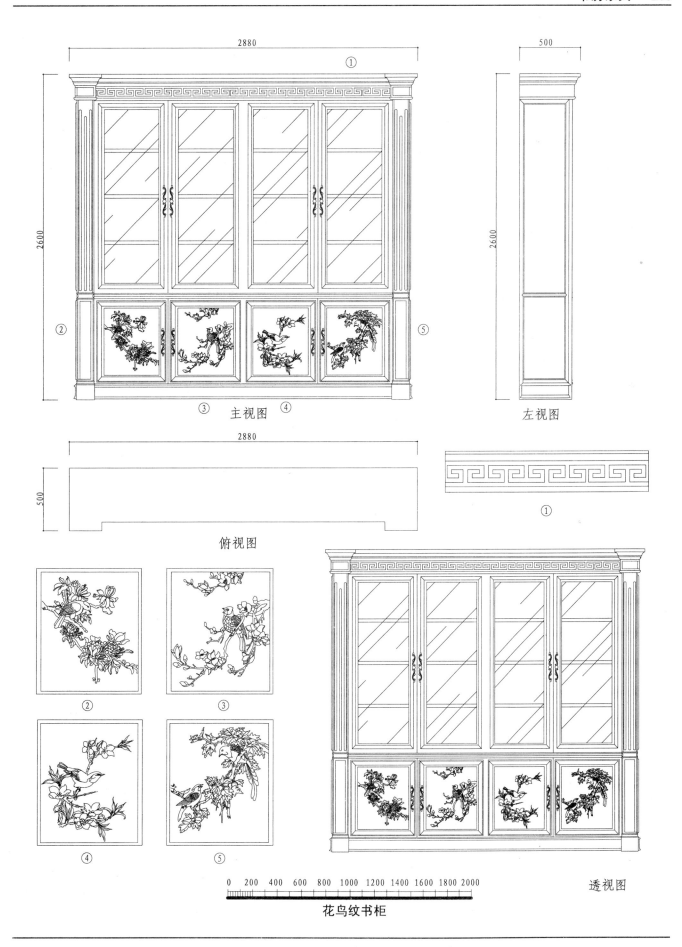

主视图

左视图

俯视图

透视图

花鸟纹书柜

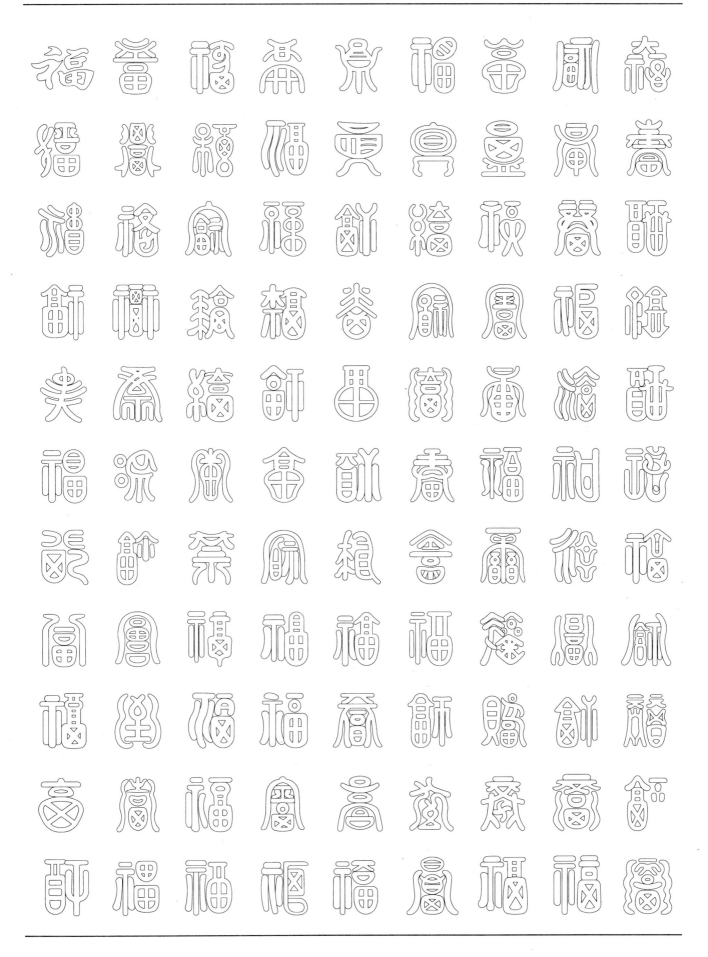

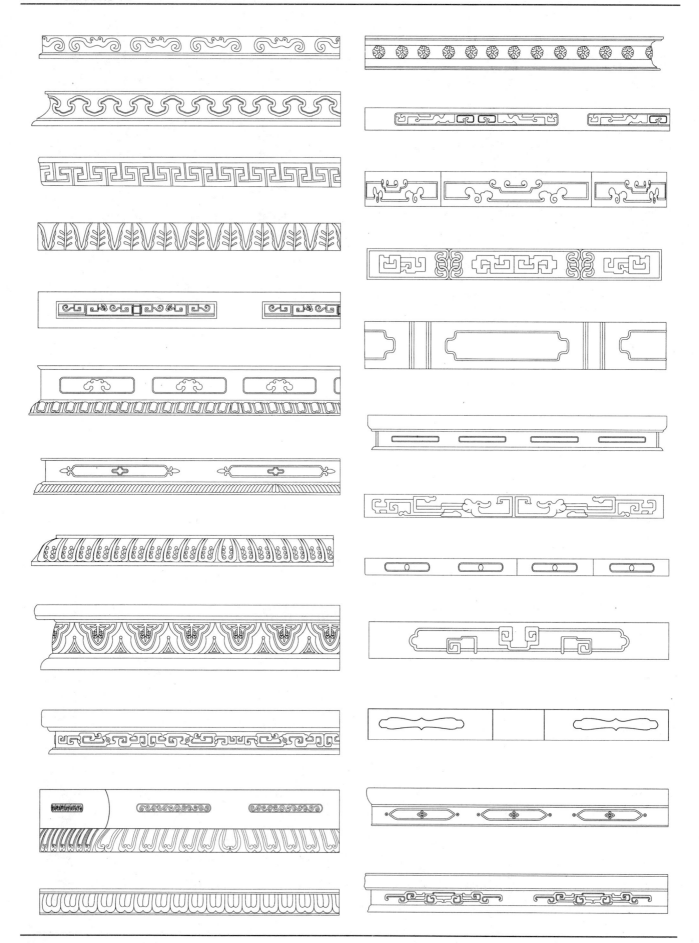

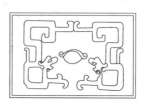

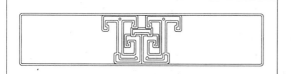

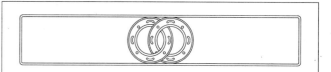

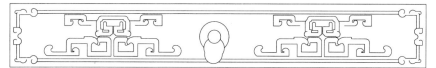

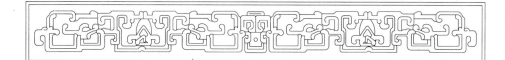
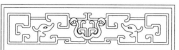
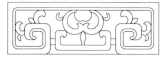

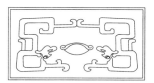

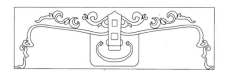
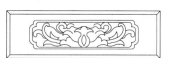
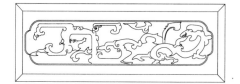

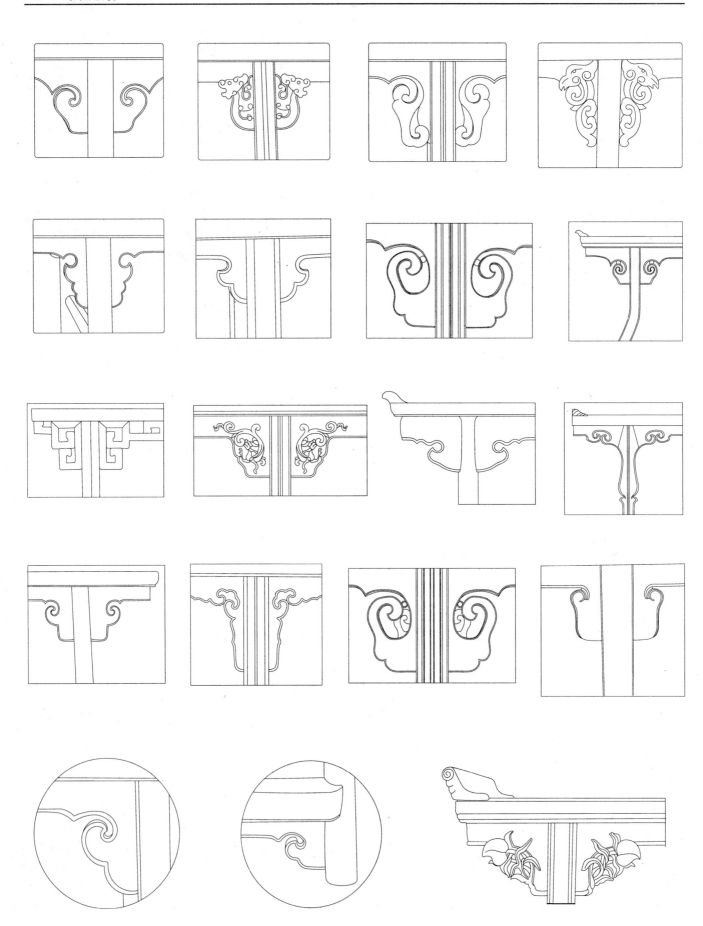

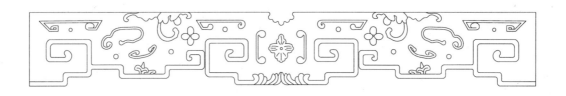

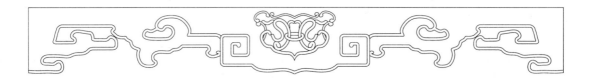

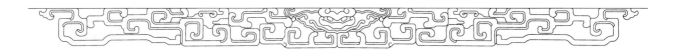

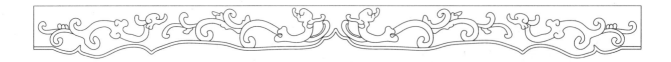

脚档纹样

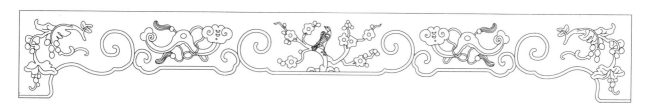

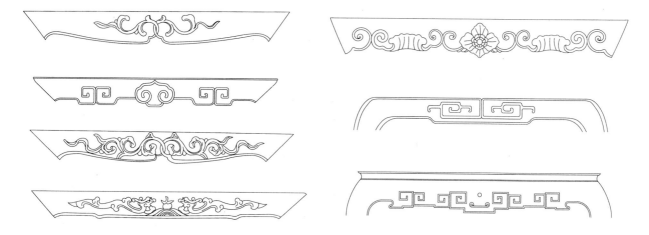

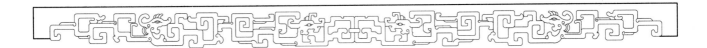

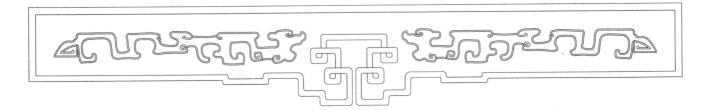

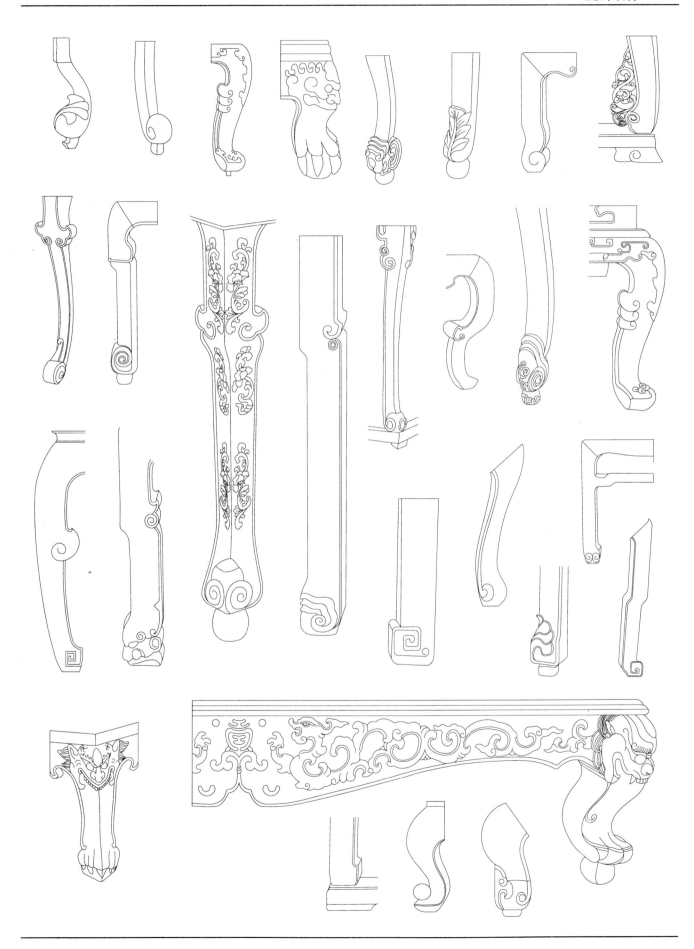

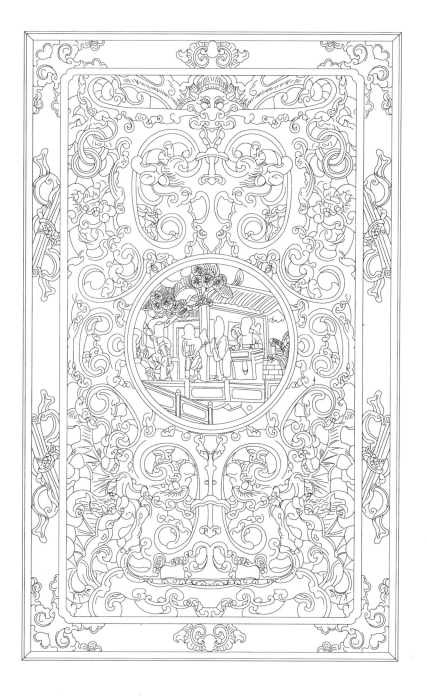

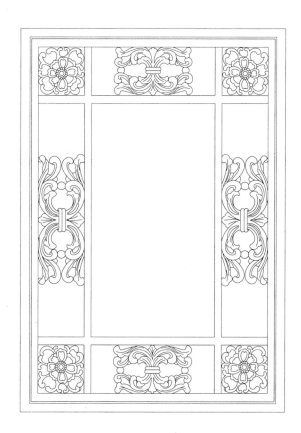

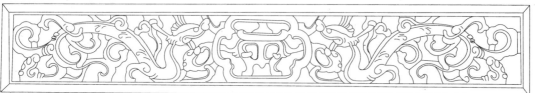

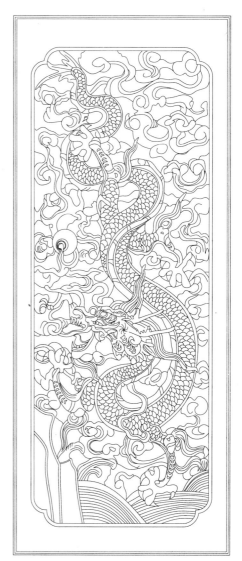

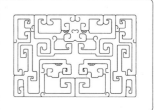

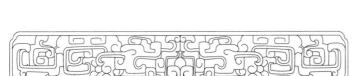

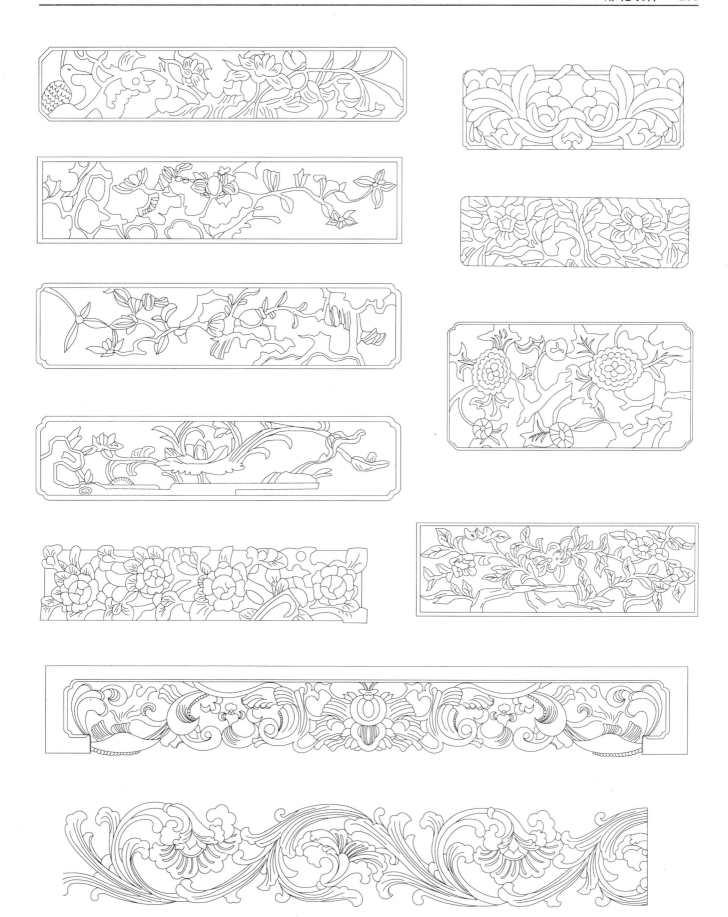

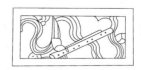

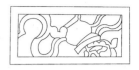

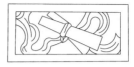

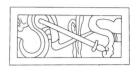

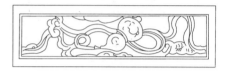

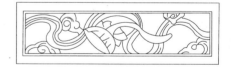

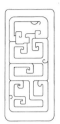

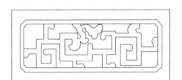

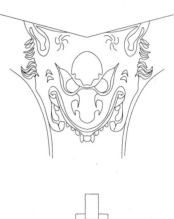

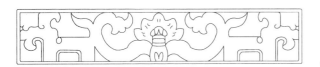

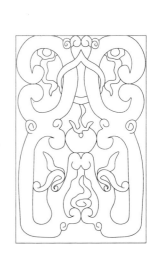

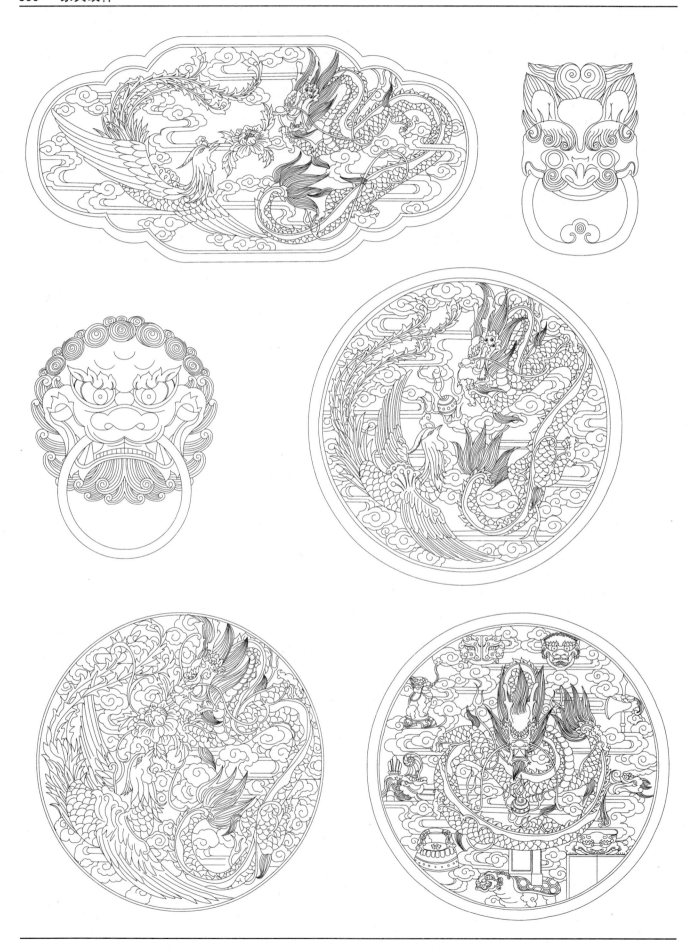

阳光圆环拉手

开心花瓶拉手

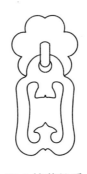

开心柿蒂拉手

菱花宝瓶拉手

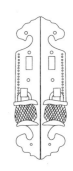

如意花篮拉手

如意长寿拉手

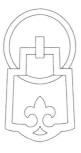

团圆开心拉手

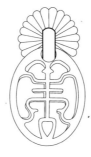

阳光长寿拉手

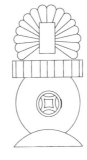

阳光铜钱拉手

开心宝瓶拉手

双鱼开心拉手

菱花曲环拉手

菱花开心拉手

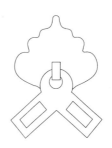

菱花连方拉手

菱花万字拉手

蝙蝠宝瓶拉手

盘绦方环面拉手

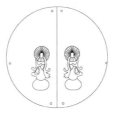

阳光葫芦拉手

铜钱弧环拉手

双囍环形拉手

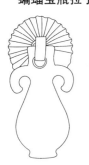

阳光宝瓶拉手

双鱼花草拉手

开心铲形币拉手

菱形开心拉手

连环开心拉手

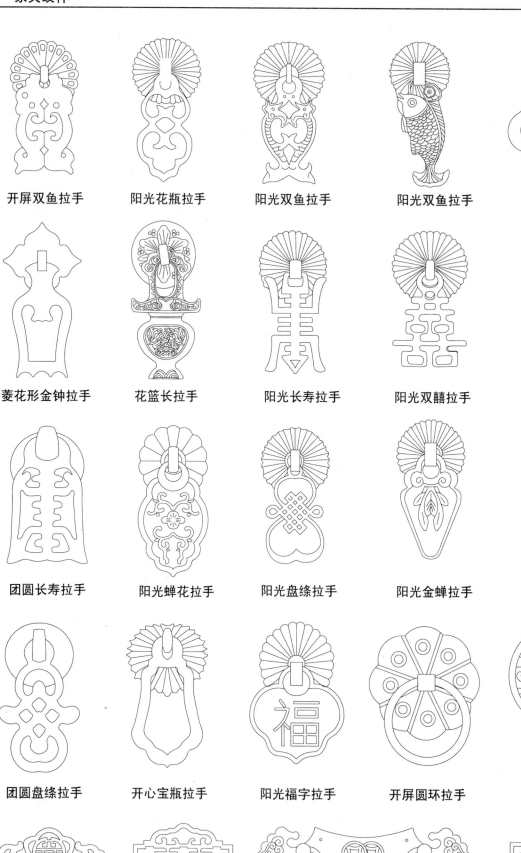

开屏双鱼拉手　　阳光花瓶拉手　　阳光双鱼拉手　　阳光双鱼拉手　　光明如意拉手

菱花形金钟拉手　　花篮长拉手　　阳光长寿拉手　　阳光双囍拉手　　阳光花篮拉手

团圆长寿拉手　　阳光蝉花拉手　　阳光盘绦拉手　　阳光金蝉拉手　　阳光花瓶拉手

团圆盘绦拉手　　开心宝瓶拉手　　阳光福字拉手　　开屏圆环拉手　　云纹宝瓶拉手

开心喜字拉手　　腾云勾方拉手　　如意连钱弧环拉手　　团圆勾纹拉手

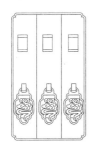
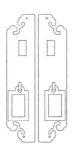
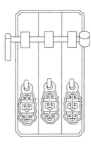

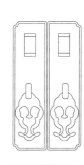

如意双鱼锁插拉手　　腾云锁插门拉手　　如意锁插门拉手　　喜字锁插门拉手　　开心柿蒂锁插拉手　　双鱼锁插门拉手

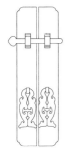
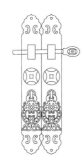
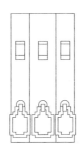
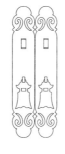
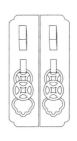
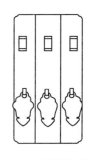

双鱼锁插门拉手　　双钱双鱼插拉手　　开心凸方锁插拉手　　如意铲形锁插拉手　　连钱锁插拉手　　如意锁插门拉手

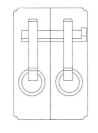
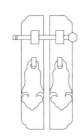
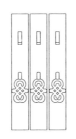
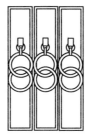
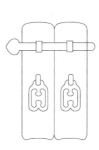
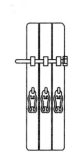

圆环锁插门拉手　　如意锁插门拉手　　盘绦纹锁插拉手　　连环锁插拉手　　开心柿蒂锁插拉手　　开心柿蒂锁插拉手

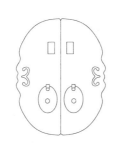

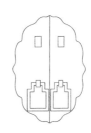
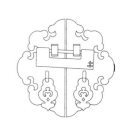

如意双鱼锁插门拉手　　椭圆楸叶锁插门拉手　　如意树叶锁插门拉手　　叶边形凸方锁插拉手　　叶边形凸方锁插拉手

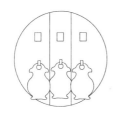

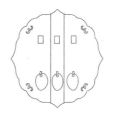

如意圆环锁插门拉手　　团圆宝瓶锁插门拉手　　圆形双鱼锁插门拉手　　如意楸叶锁插门拉手　　蝙蝠弧环拉手

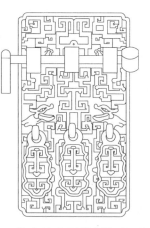

如意纹方形锁插门拉手　　龙鱼纹方形锁插门拉手　　夔龙纹方形锁插门拉手　　如意珠纹锁插门拉手

双龙纹箱包角

如意纹锁插门拉手　　龙云纹方形锁插门拉手　　花果双鱼纹锁插门拉手　　嬉婴纹锁插门拉手

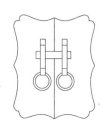

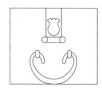

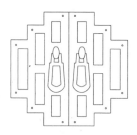

双环纹锁插门拉手　　石榴花锁插门拉手　　长方锦纹拉手　　双囍勾子纹拉手

扇形锁插门拉手

四季平安纹锁插门拉手

蟠龙纹锁插门拉手

长寿凤纹圆形锁插门拉手

福禄寿喜纹锁插门拉手

凤凰纹箱锁插

龙凤纹六角形锁插门拉手

阳光长寿纹拉手

金玉满堂纹锁插门拉手

山水纹圆形锁插门拉手

山水纹花边形锁插门拉手

缠枝纹圆形锁插门拉手

富贵荣华纹圆形锁插门拉手

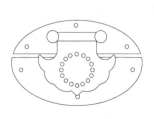

珠联纹箱锁插

蝴蝶纹箱锁插

拐子纹拉手

柿蒂纹锁插门拉手

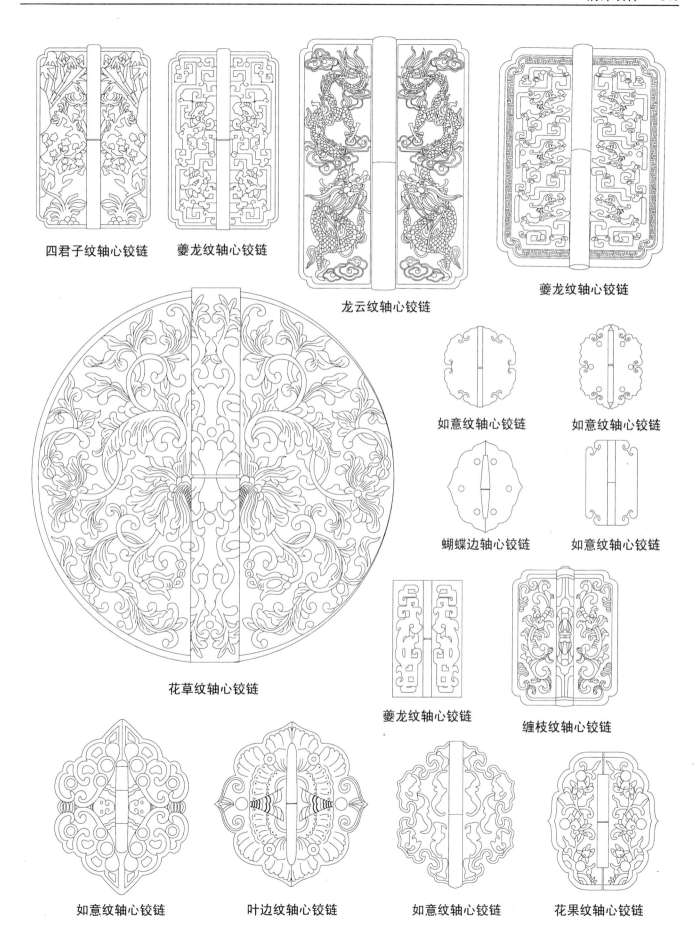

四君子纹轴心铰链　　　夔龙纹轴心铰链

龙云纹轴心铰链

夔龙纹轴心铰链

花草纹轴心铰链

如意纹轴心铰链　　　如意纹轴心铰链

蝴蝶边轴心铰链　　　如意纹轴心铰链

夔龙纹轴心铰链

缠枝纹轴心铰链

如意纹轴心铰链　　　叶边纹轴心铰链　　　如意纹轴心铰链　　　花果纹轴心铰链

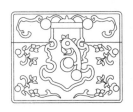

花果纹箱锁插

花草纹箱锁插

花草纹箱锁插

花草纹箱锁插

花草纹箱锁插

花草纹箱锁插

蝴蝶纹箱锁饰

双鱼云头纹锁插门拉手

如意纹锁插门拉手

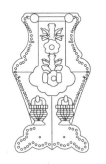

花篮纹箱锁插

花果纹箱锁插

蝙蝠纹箱锁插

如意纹长寿纹锁插门拉手

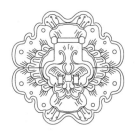

花草纹箱锁插

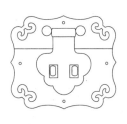

如意纹箱锁插

花边纹箱锁插

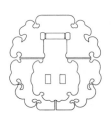

如意纹箱锁插

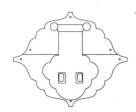

菱角纹箱锁插

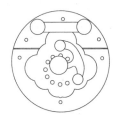

团圆珠联纹箱锁插

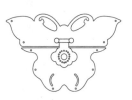

蝴蝶纹箱锁插

花叶纹箱锁插

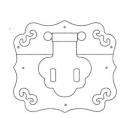

如意纹箱锁插

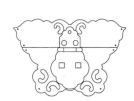

蝴蝶纹箱锁插